高职高专规划教材

单片机实验与实训教程

主　编　贡雪梅
编　者　孟　洁　陈长征　张战峰

西北工業大學出版社
西　安

【内容简介】 本书共分五章。第一章介绍实验仪的主要功能及操作方法。第二章是软件实验内容，主要介绍 MCS-51 单片机的指令系统、汇编语言程序设计方法，并配以简单的实验。第三章是硬件实验内容，主要为 8051 的内部功能及简单扩展实验，着重练习 I/O、定时/计数器、串行口的使用及 A/D、D/A 扩展等。第四章是实训部分，属于开发型实验。第五章提供了两个应用实例，给读者一个更为全面的实践机会以突出高等职业教育培养应用型技术人才的特点。为了方便读者，附录中还给出了接口电路中常用芯片的引脚图及 MCS-51 指令系统速查表。

本书可选作单片机课程的教学实验用书，也可作为学生课程设计、毕业设计及其他单片机实践环节的参考资料。

图书在版编目（CIP）数据

单片机实验与实践教程/贡雪梅主编．—西安：西北工业大学出版社，2008.3(2018.8 重印)
ISBN 978-7-5612-2346-8

Ⅰ．单… Ⅱ．贡… Ⅲ．单片微型计算机—教材 Ⅳ．①TP368.1

中国版本图书馆 CIP 数据核字（2008）第 015823 号

出版发行：西北工业大学出版社
通信地址：西安市友谊西路 127 号　　邮编：710072
电　　话：(029)88493844　88491757
网　　址：www.nwpup.com
印 刷 者：西安华新彩印有限责任公司印刷
开　　本：787 mm×1 092 mm　1/16
印　　张：9
字　　数：215 千字
版　　次：2008 年 3 月第 1 版　　2018 年 8 月第 7 次印刷
定　　价：23.00 元

前　言

为了体现高等职业教育的特点，满足高等职业教育培养技术应用型人才的要求，突出应用，加强动手能力，我们编写了这本《单片机实验与实训教程》。在本书编写过程中，不但力求进一步加大专业基础教学实验力度，而且适当增加和提高了专业教学实验与实训的内容和深度，使学生有更多的实践机会，能够接触到与社会需要较接近的研究实践课题。

本书共分五章。第一章介绍实验仪的主要功能及操作方法。第二章是软件实验内容，主要介绍 MCS－51 单片机的指令系统，汇编语言程序设计方法，并配以简单的实验。本章的前两个实验要求用键盘调试(也可以用计算机调试)，这是因为对初学者而言，手工编译对理解编译原理是必不可少的，键盘方式下的实验对理解单片机的指令系统和空间概念相当有用。第三章是硬件实验内容，主要为 8051 的内部功能及简单扩展实验，着重练习 I/O、定时/计数器、串行口的使用及 A/D、D/A 扩展等。第四章是实训部分，这一部分属于开发型实验，它们与验证型实验有本质上的不同。为了培养学生的创新能力，对每个实训项目，只给出实训要求和目的，由学生自己去体会和认识，从而设计出完成该项目所需要的单元电路(或单元电路组合)及程序流程，并确定实现方法。因此，要求学生在实训前必须集中精力和时间，认真准备实训方案，对实训中可能遇到的问题有一定的思想准备和技术准备，否则将达不到预期的效果。第五章则提供了两个应用实例，以突出高等职业教育培养应用型技术人才的特点。为了方便读者，附录中还给出了接口电路中常用芯片的引脚图及 MCS－51 指令系统速查表。

本书具有较强的实用性，各部分实验、实训内容由简单到复杂，凡是实验涉及的知识点，均给出了预备知识的学习。学生只要按照书中的章节顺序和要求逐个完成实验，尤其是第四章的实训内容，其程序设计能力和单片机应用技术必然会得到提高，相信通过一定时间的实验和实训，一定能够较熟练地掌握 MCS－51 单片机的应用技术，具备从事单片机应用技术工作的实际动手能力。

本书具有较强的通用性，其实验、实训内容与实验室设备的关系不大，若实验室没有同样的设备，仍然可以完成各个实训内容。

由于编者水平有限，书中难免会存在缺点和不足，恳请广大读者提出宝贵意见。

编　者

2007 年 11 月

目　　录

第一章　单片机开发系统

第一节　超想-3000TB 单片机开发系统简介

超想-3000TB 单片机开发系统由综合实验仪、仿真器、软件组成。

一、综合实验仪

综合实验仪全面支持 MCS-51 系列的实验仿真开发，该实验仪的所有实验模块及 CPU 资源均对用户开放。实验平台作为一个独立的目标系统，让用户可以脱机验证实验结果。

1. 实验模块

综合实验仪的实验模块主要包括两种：新型实用模块和传统实验模块。

(1)新型实用模块：

1)LCD 液晶实验；

2)点阵 LED 广告屏；

3)DS1287 时钟；

4)红外线发送、接收；

5)直流电机恒速；

6)电子琴模拟实验；

7)步进电机变速；

8)串行 ROM/I^2C ROM；

9)霍尔传感器实验；

10)压力传感器实验；

11)温度传感器实验。

(2)传统实验模块：

1)模数转换 A/D0809；

2)数模转换 D/A0832；

3)8155 控制键显示；

4)V/F 转换 LM331；

5)串口通信 MAX232；

6)音响实验 LM386；

7)EPROM27C256 扩展；

8)RAM6264 扩展；

9)微型打印机接口；

10)PWM 输出实验。

2. 实验仪工作模式

实验仪采用双工作模式。

(1)键盘工作模式:在无计算机条件下时,先用汇编语言写好程序,用手工方法(或者利用计算机)把汇编语言译成机器码,然后用实验仪上的键盘将机器码输入,再用 TRACE 键,HERE 键,STEP 键进行调试,用 EXEC 键使程序运行。

(2)外接仿真器模式:用计算机连接仿真器,再连实验仪进行仿真和实验。

二、超想-3000TB 仿真器

超想-3000TB 高级仿真器是美国亨德克电子公司研制,经技术引进,深入中国科技领域应用的产品。软件运行环境有 DOS 和 Windows 两种版本软件平台。其中,Windows 版本功能强大,用户源程序大小不再有任何限制;支持 ASM、C51、PL/M 语言混合编程;在线直接修改、编译、编辑、连线,调试源程序;具有项目管理功能,用户的资源共享;具有丰富的窗口显示方式,多方位动态地显示仿真的各种过程,使用极为便利。仿真器自带 64KB 程序存储器,64KB 数据存储器,仿真状态可自行切换,仿真频率 40 MHz,通信速度 19 200b/s,每秒传送 12KB 数据,达到并口通信速度。该仿真器具有软件记数功能,时效分析功能,断点记数功能,除在线仿真外,还可以用软件模拟方式仿真调试程序。

该仿真器也可独立使用,与计算机连接,配备任何品牌的仿真工具及用户自制目标板都可进行仿真和实验。

三、开发软件

综合实验系统的开发软件为 HK51 系列仿真开发系统。这一系统支持 INTEL、ATMEL 系列等型号的八位单片机。

第二节 键盘功能介绍

一、HK51TB 仿真板与超想-3000TB 综合实验仪的安装方法

HK51TB 仿真板安装在超想-3000TB 综合实验仪的 J1、J2、J3 插座上,通电后,在 LED 上显示 CPU 的型号,如 8051。

二、键盘使用说明

本实验仪的键盘如图 1.1 所示。面板上共有 6 位 LED 发光数码管,左边 4 位为地址位,右边 2 位为数据位。

当地址数码管为 4 位数均有数值时,表示地址是程序存储器或数据存储的地址;当地址数码管只有 2 位时,表示地址是内部寄存器的地址;当地址数码管只有 1 位时,表示地址是内部特殊寄存器的地址。

最右边的两位是数据位,它表示的是左边显示的地址单元中的数据。

7	8	9	A	TRACE/MODE	RST
4	5	6	B	STEP/MOVE	MON
1	2	3	C	HERE	LAST
0	F	E	D	EXEC	NEXT

（　数字键　）　　（　功能键　）

图 1.1　实验仪键盘

面板上共有 24 个按键。本书为了介绍和使用时查找方便，约定叙述时加方括号表示按键，例如，[RST]表示面板上的"RST"键。

1. [RST]　[整机复位键]

复位后数码管的地址位显示"8051"字样，表示复位完成。复位后程序存储器和外部数据存储器中的内容不变，程序指针回到 0000 处。CPU 内部寄存器复位后为单片机复位操作规定的值，即有的寄存器的数据不变，有的寄存器中的数据被复位。

2. [0]～[F]　[数字键]

用于输入十六进制数。仿真器中的数据和地址均是用十六进制表示。

3. [MON]　[监控键]

它有两个作用。

(1)用于选择上挡和下挡键。面板上有 2 个上/下挡的键[TRACE/MODE]和[STEP/MOVE]，当第一次按[MON]时 LED 数码管最左侧的一只显示为"P"字符，表示选中上挡，此时两个上挡键[TRACE]和[STEP]起作用。如果再按一次[MON]，在左侧的数码管显示为"ˈ"(即只有右上角的一竖亮)，则这两个键的下挡[MODE]和[MOVE]起作用。

(2)表示某些操作已结束。某些操作的所有步骤完成后，按[MON]表示操作结束。例如，修改仿真模式后要求按[MON]，表示设置结束。

4. [TRACE/MODE]　[跟踪执行键]

(1)上挡键[TRACE]。在调试程序时先按[MON]，当最左侧一只 LED 数码管显示"P"字符时，上挡[TRACE]起作用，每按一次[TRACE/MODE]便执行一条用户编写的单片机指令，如果遇到"CALL"这类调用命令时，跟踪到调用内部。执行一条指令，可逐条检查用户程序的执行情况。

(2)下挡键[MODE]。在调试程序时按[MON]，直至最左侧一只 LED 数码管出现"ˈ"符号，这时下挡[MODE]起作用。其作用是设置仿真器的工作模式，仿真器共 4 种模式，具体见表 1.1。

应该说明的是，这 4 种模式可在计算机上设置，也可在仿真器上设置。仿真器模式设置方法：

1)按[MON]，使最左边数码管上出现"ˈ"符号。

2)按[TRACE/MODE]，数码管出现表 1.1 所示的 4 种模式中的 1 种，例如"PI EE"，然后,按[LAST]或[NEXT],这4种模式的数码显示标志将会轮流出现。

3)出现所要求的模式,按[MON],模式设置结束。

表1.1　仿真器工作模式

模式名称	地址位显示的字符标志	数据位显示的字符标志	模式作用对象	
			程序存储器	数据存储器
模式1	PI	EI	仿真器	仿真器
模式2	PI	EE	仿真器	目标板
模式3	PE	EI	目标板	仿真器
模式4	PE	EE	目标板	目标板

5. [STEP/MOVE]　[单步执行键]

它有上、下两挡,作用分别如下:

(1) [STEP] [单步执行键]。用户调试程序时每按一次[STEP],执行一条命令。但是,当执行到调用语句时,按一次[STEP]可执行调用所含的所有语句。

(2) [MOVE][移动数据键]。此键用于将程序存储器中的一段程序,移到另一处,或者将外部数据存储器中的某一段数据移到另一处。

移动程序段的操作步骤如下:

1) 按键,使最左侧数码管显示上挡标志“P”。

2) 按键,进入程序块移动状态,此时6位数据管显示为“0000 F”。

3) 输入欲移动程序段的起始地址,例如:“1111”。

4) 按键,此时6位数码管显示为“0000 t”。

5) 输入欲移动程序段的结束地址,例如:“2222”。

6) 按键,此时显示“0000 O”。

7) 输入4位目标地址,例如:“3333”。

8) 按键,开始移动数据,左4位数码管闪烁,最后显示“P”,表示移动结束。

6. [LAST][地址减1键]

它有如下3个作用:

(1)触发显示寄存器和存储器中的数据。刚在地址位上输入了寄存器或存储器中的地址时,数据显示数码管是暗的未发光,此时,第一次按[LAST]后,数据显示数码管开始显示数据。

(2)地址减1操作。在仿真器上输入地址后,从第二次按键开始,每按一次[LAST],地址值自动减1,地址值所对应的数据同时更换。

(3)仿真模式的触发选择。在进行仿真模式的选择时,每按一次[LAST],将使仿真器显示出一种模式供用户选择。

7. [NEXT][地址加1键]

它有如下3个作用:

(1)触发显示寄存器和存储器中的数据。刚在地址位上输入了寄存器或存储器中的地址时,数据显示数码管是暗的未发光,此时,第一次按[NEXT]后,数据显示数码管开始显示数据。

(2)地址加1操作。在仿真器上输入地址后，从第二次按键开始，每按一次[NEXT]，地址值自动加1，地址值所对应的数据同时更换。

(3)仿真模式的触发选择。在进行仿真模式的选择时，每按一次[NEXT]，将使仿真器显示出一种模式供用户选择。

8. [HERE][断点运行键]

设置中断程序运行的地址，使程序执行到中断地址处停止执行，在中断地址处等待新的操作命令。设置中断时有两种情况：

(1)程序从0000地址开始执行的断点。

1)按[RST]复位，再按[MON]，数码管显示“P”。

2)输入4位地址。

3)按[HERE]。

按[HERE]后，程序自动执行到断点，此时显示断点的地址和A寄存器的内容。按[HERE]既是确定断点地址，又同时启动了程序，并使程序执行到断点处停下来等待用户的命令。

(2)程序执行到某处，再设置断点。

1)先用单步[STEP]、跟踪[TRACE]、中断等运行方式使程序在某处停止。

2)按[MON]，使仿真器地址数码管显示“P”。

3)输入断点的地址值。

4)按[HERE]。

5)程序自动从设置前的停止处执行到所设的断点地址处。

9. [EXEC][全速执行键]

用仿真器调试程序时，设置好执行的初始地址后，按[EXEC]可全速执行程序。

三、键盘方式下的仿真方法

下面根据仿真时的各类需要，逐一介绍有关的操作方法。

1. 将汇编源程序转换为机器码

在仿真工作前，应把汇编源程序转换为机器码。可用人工查手册的方法将汇编源程序逐条翻译成机器码，在翻译成机器码的同时还要为各条机器码安排地址。也可用计算机自动汇编并生成列表文件。列表文件是指同时含有源程序、机器码和机器码地址的文件。用计算机生成机器码可避免人工翻译造成的人为错误，汇编的效率也远高于人工翻译。

2. 输入程序的机器码

(1)由计算机输入程序机器码。为了节省输入机器码的时间，可先由计算机向仿真器输入机器码，然后再脱离计算机独自仿真。用计算机输入程序时先用MCS51/SD1命令启动软件，调入用户的汇编源文件，选择仿真模式，执行汇编命令，汇编结束后机器码自动装入仿真器中。然后，关断计算机和仿真器的电源，拔出RS232接口插头。

(2)人工输入程序机器码。如果没有计算机，则用人工方法输入。人工输入的方法如下：

1)按[RST]，整机复位。

2)按[MON]，使地址数码管出现“P”字符。

3)输入 4 位地址码,此时地址位上显示的是输入的地址数,数据位上的数码管不亮。

4)先按[NEXT]或[LAST],数据位上的数码管闪烁,此时,再输入 2 位数据。

5)程序输入完毕,可依次按[RST]、[MON]、4 位地址数、[NEXT],检查输入的机器码,不断地按[NEXT]或[LAST],可依次逐个检查各个地址中的数据,数据形式是十六进制。

3. 执行程序

(1)跟踪执行程序。当需要用户通过键盘控制,逐条执行程序,以便检查单片机内部和外部电路时,可采用跟踪执行的方式。跟踪执行时如果遇到调用指令,仿真器将使程序的指针进入被调用的程序段内部。以跟踪方式执行程序的操作方法如下:

1) 按[RST],整机复位。

2) 按[MON],使地址数码管出现字符"P"。

3) 输入程序执行的起始地址,此时,4 位地址数码管显示地址值,数据数码管暗。

4) 按[TRACE],数据数码管亮,此后每按一次[TRACE],执行一条指令。

(2) 单步执行程序。单步执行程序的作用与跟踪执行相仿,区别是单步执行遇到调用时将自动连续地执行调用内部的所有指令,然后停在调用执行后的第一条指令上,可继续单步执行。以单步方式执行程序的操作方法如下:

1) 按[RST],整机复位。

2) 按[MON],使地址数码管出现字符"P"。

3) 输入程序执行的起始地址,此时,4 位地址数码管显示地址值,数据数码管暗。

4) 按[STEP],数据数码管亮,此后每按一次[STEP],执行一条指令。

(3) 全速执行程序。当须从用户指定的程序地址处开始全速运行整个程序,或全速运行到断点处时,可采用全速执行方式。全速执行操作方式如下:

1) 按[RST],整机复位。

2) 按[MON],使地址数码管出现字符"P"。

3) 输入程序执行的起始地址,此时,4 位地址数码管显示地址值,数据数码管暗。

4) 如果需要设置断点,可按[HERE]命令。

5) 按[EXEC],全速执行程序。程序运行时地址数码管、数据数码管均暗。

6) 按[RST] ,中断运行。

4. 检查执行结果

当运用上述的各种执行方式运行程序时,需要即时地了解程序执行结果,而运行结果很大程度上是由单片机内部各个部分的当前值来反映的。仿真器提供了查看单片机内部各个部分情况的功能,检查执行结果的主要任务就是查看单片机内部的情况,即检查单片机内部各个寄存器、累加器、接口电路。

(1)检查和修改单片机内部寄存器数据。在调试过程中,如果需要查看当前状态下内部寄存器的情况,可按下列步骤进行。

1) 查出单片机内部寄存器地址码。例如 R1 地址为 01H。

2) 根据内部寄存器地址码输入 2 位地址码,此时地址数码管的右 2 位显示地址数,左 2 位暗。

3) 按[NEXT]或[LAST],使数码位出现内部寄存器中的数值。

4) 如果要查看相邻地址的寄存器的内容,可继续按 [NEXT]或[LAST]。

5）如果要修改内部寄存器中的内容，可按数字键[0]～[F]。

(2)检查和修改单片机内部专业寄存器(SFR)数据。在调试过程中，如果需要查看当前状态下单片机内部专用寄存器(SFR)的情况，可按下列步骤进行。

1）查出单片机内部专用寄存器(SFR)地址码。例如 ACC 地址为 E0H。

2）仿真器规定专用寄存器地址要用 3 位数表示，即须先输入 1 个先导“0”，再输入 2 位专用寄存器地址码。地址输入后，此时地址数码管的右 3 位显示地址数，最左 1 位暗。

3）按[NEXT]或[LAST]，使数码位出现专用寄存器中的数值。

4）如果要修改专用寄存器的内容，可按数字键[0]～[F]。

5）如果要查看相邻地址的专用寄存器内容，可继续按[NEXT]或[LAST]。

注意：在查看专用寄存器时，不可按[RST]，因为按此键后各个专用寄存器中的内容将被复位。

(3)检查和修改单片机程序存储器和外部数据存储器。在调试过程中，如果需要查看当前状态下程序存储器和外部数据存储器的情况，可按下列步骤进行。

1）按[MON]，地址数码管出现“P”字样。

2）输入 4 位地址，此时 4 位地址数码管亮，2 位数据数码管暗。

3）按[NEXT]或[LAST]，使 2 位数据数码管亮，显示的即为 4 位地址单元中的机器码值。

4）如果要修改其中的内容，则可按数字键[0]～[F]。

5）再按[NEXT]或[LAST]，可查看相邻地址中的机器码值。

第三节　硬件、软件安装

一、仿真器与计算机的连接

用随机配带的串口通信电缆，将仿真器与计算机连接起来，串口 1、串口 2 均可，但务必注意所选用的串口未被设置成他用，如 Modem 口、鼠标口。

应特别注意的是，在仿真器与计算机连接串口电缆时，两台机器必须都关断电源，否则易损坏计算机和仿真器。

二、计算机与仿真器联机

当启动调试软件时或在使用软件过程中，出现的通信错误主要有以下几个方面：

(1)仿真器与计算机没有连接；

(2)仿真器的电源没有打开；

(3)仿真器连接的实际串行口与软件设置不一致；

(4)软件已被病毒感染。

三、连接 51CPU 适配板

在实验仪的右下角有三个插座，是用来安装 51CPU 适配板的。

四、软件安装

超想 3000 仿真器的 Windows 软件安装步骤：

(1)将所配光盘放入光驱，双击“我的电脑”，然后双击光盘驱动图标。

(2)双击光盘根目录下：51setup. exe。

(3)点击系统界面提示的“下一步”进行操作，直到安装完成。

(4)安装完毕，直接在 Windows 环境下点击 HK51 图标即可启动调试软件。

第四节　调试窗口

在调试程序前必须设置仿真模式，其中包括仿真 CPU、RAM 与 ROM 的选择等。具体操作是打开“设置/仿真模式”对话框，完成仿真模式的设置后单击“确认”。

一、菜单及其命令

调试窗口包括的菜单及其主要功能如下：

(1)文件菜单：建立、打开、保存源文件，关闭当前窗口，输出列表文件，退出集成开发环境 IDE(Intergrated Devel-opment Environment)。

(2)编辑菜单：对活动窗口有关内容进行编辑。

(3)编译菜单：源程序编译、连接、装载、浏览模块，设置编译选项。

(4)调试菜单：单步、断点、连续运行方式，增加变量，程序复位，程序暂停，设置 PC。

(5)工程菜单：建立、打开、编辑、关闭工程，打开工程文件列表。

(6)设置菜单：设置仿真模式及通信端口。

(7)视图菜单：查看、调试寄存器、存储器、变量、编译信息窗口。

(8)窗口菜单：层叠、平铺及关闭所有窗口，选择已打开的窗口。

(9)帮助菜单：显示关于 Super image－3000 的版本信息。

1. 文件菜单

(1)新文件：建立一个新的源文件。

(2)打开文件：弹出对话框，选取列表中的文件或在输入框输入文件名，单击“打开”，文件编辑窗口即显示该文件内容。

(3)关闭：关闭当前的活动窗口。

(4)保存：将当前编辑窗口中的文件存到磁盘上。

(5)另存为：将当前编辑窗口中的文件换成另一个文件名再存盘。

(6)输出列表文件：将当前 ROM 地址空间的代码保存为 *. LST 列表文件。在弹出的文件列表对话框中输入要保存的文件名，并单击“保存”。

(7)退出：执行该命令可退出 Super image－3000。

2. 编辑菜单

注意：编辑菜单为 Super image－3000 的动态菜单，当激活不同的窗口时该菜单命令也随之变化；关闭所有窗口后该菜单也自动关闭。现以源文件编辑窗口为例说明该菜单(假设已激活源文件编辑窗口)。

特别建议使用 IDE 快捷菜单。

(1)消除：使用该命令能恢复文件编辑中最后一次所做的修改。

(2)剪切：清除编辑窗口中选定的文件，并放置在剪贴板上。只有在选定文本后，这一命令才有效。放置在剪贴板上的文件始终保留在那里，直到新内容替换掉它们。

(3)复制：使用该命令可将选定的文本复制到剪贴板上。只有在选定文本后，这一命令才有效。复制到剪贴板上的文本将替换掉先前的内容。

(4)粘贴：使用该命令可以将剪贴板内容插入到当前编辑窗口的光标位置。如果在编辑窗口中已选定内容。使用该命令可用剪贴板上的内容替换掉选定的内容。如果剪贴板上无内容，这一命令将是无效的。

(5)查找：使用该命令可以在当前编辑窗口中查找文本字符串。

该命令包含两参数，可选择使用：Whole Word(整字匹配)；Match Case (区分大小写)。

查找下一个：使用该命令可以继续查找在“查找”命令中指定的文本。

跳到行…：使用该命令可以跳转到编辑窗口中指定的行。

(6)字体：对编辑窗口中的文本进行字体、字号、颜色等设置。

(7)刷新：重新显示当前编辑窗口。

3. 编译菜单

(1)编译、连接：对当前编辑窗口源文件或当前工程组进行编译、连接，生成目标代码。

(2)编译、连接、装载：对当前编辑窗口源文件或当前工程组进行编译、连接，并将生成的目标代码装入 ROM。

(3)装载：将磁盘上存在的目标代码直接装入 ROM。

(4)浏览模块：该命令可在调试窗口中浏览源文件内容，通常适用于浏览工程组中的源文件。

(5)编译选项：使用该命令可设置源文件编译的各选项。

4. 调试菜单

(1)连续运行：执行该命令便开始连续运行用户程序，当遇到断点或按下 Esc 键时停止运行。

(2)断点调试：以连续方式运行程序，运行到指定的地址停下。如果在源文件方式下调试，可以选择符号地址。

(3)单步运行：逐步运行用户程序，遇到调用子程序，则跟踪进入子程序运行。

(4)宏单步运行：逐步运行用户程序，遇到调用子程序，一步执行完整个子程序而不进入子程序运行。

(5)自动单步：以连续单步方式运行用户程序。

(6)自动宏单步：以连续宏单步方式运行用户程序。

(7)增加变量：将程序中想要观察的变量增加到变量窗口，在程序运行时可随时观察变量的内容。

(8)设置或清除断点：当光标移到调试窗口可执行语句行时，可以用该命令设置断点，重复该命令也可清除断点。

技巧：将鼠标移到调试窗口的可执行语句行左侧，单击鼠标即可设置断点。重复此操作也可清除断点。

(9)浏览断点：执行此命令即弹出对话框，通过对话框可查看断点个数、断点所在的模块、断点地址、断点在源文件中的行号，也可用此命令增加或清除断点。

(10)清除所有断点：该命令可清除各个调试模块中设置的所有断点。

(11)复位：该命令可对(目标系统)CPU 复位，同时将 PC 指针回复到装载文件的初始值(如 0000)。

(12)重新开始运行：将当前 PC 置初始值(如 0000)后再以连续方式运行。

(13)暂停 Esc：该命令可停止当前程序的运行(适用于连续运行、自动单步/自动宏单步运行方式)，返回待令状态。

(14)夭折处理：强制停下当前正在运行的程序。一般来讲，用“暂停”命令即可停止程序运行，如果正在运行的程序无法用“暂停”命令停止，可使用此命令。

(15)设置 PC：将当前 PC 指针指向输入的地址。如果在源文件方式下调试，可以选择符号地址。

(16)设置 PC 为当前地址：将 PC 指针指向当前光标所在的可执行语句行。

5. 工程菜单

(1)新建：打开文件列表框，创建新工程文件。

(2)打开：弹出文件列表框，打开已存在的工程文件。

(3)编辑：打开对话框，增加或删除工程中的文件。

(4)关闭：关闭当前使用的工程文件。

(5)文件列表：打开工程文件列表对话框，可指定编辑工程中的源文件。

6. 设置菜单

(1)仿真模式：打开对话框，可对仿真 CPU、RAM、ROM 读写控制等选项进行设置。

(2)通信端口选择：选择与仿真器实际连接的通信端口。

(3)重新连接：通信失败，检查硬件连接或重新选择通信端口后，该命令可重新进行通信测试。

7. 视图菜单

(1)调试：打开程序调试窗口。如果未装载程序，可看到随机代码。

(2)寄存器：打开寄存器窗口。可对该窗口进行增加、删除操作。

(3)存储空间 1/2：IDE 允许同时打开两个窗口，可在该窗口切换查看程序存储器、数据存储器、CPU 内部存储器、特殊寄存器等内容。

(4)变量：打开变量窗口，可随时观察变量的变化。

(5)编译连接信息：打开编译连接信息窗口，可查看源文件编译是否有错。

8. 窗口菜单

(1)层叠：以重叠方式排列已打开的窗口，但保持每个窗口的标题栏都可见。

(2)水平平铺：把已打开的窗口水平排列，使已打开的窗口都可见。

(3)垂直平铺：把已打开的窗口垂直排列，使已打开的窗口都可见。

(4)关闭所有窗口：关闭所有已打开的窗口。

选择窗口菜单下已打开窗口的名称及编号可以激活该窗口。

9. 帮助菜单

关于：显示关于 Super image - 3000 集成开发环境的版本信息，以及 Windows 环境与

DOS 环境下编辑器伪指令使用上的区别。

二、编译调试程序

进行源程序调试，必须事先生成符号化的调试代码。Superimage－3000 提供了这一步骤的集成开发环境 IDE。只要通过选择菜单项便可轻松创建、打开、编辑、编译调试程序。

以下简要介绍如何使用 Super image－3000 编译单个源文件和工程组。

打开“文件”菜单的“新文件”或“打开文件”命令。在输入或打开源文件后用“编译/编译、连接、装载”命令将源文件编译成调试代码并自动打开调试窗口进入源文件调试。或者选择“工程”菜单的“新建”或“打开”命令，在弹出的列表框中打开已建立的工程或输入新建工程文件名。然后使用“工程/编辑”在工程编辑对话框中增加或删除工程文件列表中的文件。在建立工程并已编写好程序后选择“编译/项目编译、连接、装载”命令将整个工程编译后自动装载。

1. 快捷键

按快捷键执行命令可以免去打开菜单再选命令的烦琐过程。快捷键列在菜单命令的右边。例如，在调试过程中需要连续运行程序可以按 F9 键。当然，不是每一条命令都有快捷键。表 1.2 列出了 Super image－3000 的所有快捷键及其定义。

表 1.2　快捷键及其定义

快捷键	定　义	快捷键	定　义
F3	装载模块	Ctrl＋F5	增加变量
F4	运行到光标处	Ctrl＋F8	设置或清除断点
F5	运行到指定地址	Ctrl＋F9	编译、连接、装载
F7	单步运行	Ctrl＋N	建立新文件
F8	宏单步运行	Ctrl＋O	打开文件
F9	连续运行	Alt＋X	退出
Ctrl＋F2	复位	Space	从 PC 处开始显示
Ctrl＋F3	浏览模块	Esc	暂停

2. 装载代码

执行“编译/装载”菜单命令或单击工具栏上的装载按钮，然后在弹出的文件列表对话框中用鼠标点击或直接键入目标代码文件名(扩展名为 *. OMF, *. HEX, *. BIN, *. OBJ, *. O的文件)，单击“打开”按钮，代码即装入到程序存储器内。

3. 设置断点

(1)可在程序调试窗口设置断点，具体步骤如下：

1)将鼠标指向程序行左侧(行号或地址左边)需要设置的断点处，鼠标形状从箭头变成手指状。

2)按下鼠标左健。这时，程序行左边会出现断点标志。

重复上述步骤，可设置更多的断点。

(2)另一种设置断点的方法是将光标移到设置断点的程序代码(调试窗口左侧有小圆点的为程序代码行)，执行“调试/设置或清除断点”菜单命令或单击工具栏“设置断点”按钮，设置完断点后该行即出现断点标志“ · ”。

一次设置多个断点执行“调试/浏览断点”菜单命令，在弹出的浏览断点对话框内可以看到已设置断点个数、断点所在的模块、断点的物理地址及断点的源文件行号。

要增加断点，请单击“增加”，便弹出一个对话框，可看到刚才设置的断点已出现在断点列表中，再单击浏览断点对话框中的“确认”便可完成断点设置。

也可通过对话框右边的命令按钮删除、清除断点。单击“删除”可删除所选断点；单击“清除”可清除所有断点。

注意：“浏览断点”对话框中的增加断点命令可一次设置多个断点。此方法较适用于混合调试及反汇编调试方式。

4. 断点/连续运行

在程序调试窗口下选择“调试/连续运行”菜单命令或单击工具栏上的命令按钮便开始连续运行。当程序遇到设置的断点即停下。当设置多个断点时，再次执行此命令，程序会在下一个断点处停下。当未设置断点时，程序以连续方式运行。

5. 单步运行/自动单步

“调试/单步运行”命令逐步执行用户指令，当遇到有子程序调用的指令时，则跟踪进入该子程序运行。“调试/自动单步”命令以连续单步方式运行程序。

6. 宏单步运行/自动宏单步

此命令与单步相仿，不同的是当遇到有子程序调用的指令时，一步运行完整个子程序。“调试/自动宏单步”命令以连续宏单步方式运行程序。

7. 连续运行

(1)以当前 PC 地址开始连续运行。可以在调试窗口中连续运行程序，在运行过程中随时可以用暂停命令停下，也可对程序实行复位。

使用下列任何一种方法便可以连续运行：

1)从“调试”菜单选择“连续运行”命令。

2)单击工具栏“连续运行”按钮。

3)按 F9 快捷键。

(2)将 PC 初始设置为 0000H 后再以连续方式运行。可使用下列任何一种方法实现：

1)从“调试”菜单选择“重新开始运行”命令。

2)单击工具栏“重新开始运行”按钮。

8. 暂停运行

当程序正在以连续方式或自动单步/自动宏单步方式运行时，可用此命令使正在运行的程序停下来。使用下列任何一种方法便可以暂停运行：

(1)从“调试”菜单选择“暂停”命令。

(2)单击工具栏“暂停运行”按钮。

(3)按 Esc 快捷键。

9. 程序复位

使用下列任何一种方法便可对程序进行复位(即 PC＝0000H)：

(1)从“调试”菜单选择“复位”命令。

(2)单击工具栏“复位”按钮。

(3)按 Ctrl＋F2 快捷键。

10. 查看存储器

在仿真过程中需要查看或修改存储器值时,可以执行“视图”菜单的“存储空间”命令以打开存储器窗口。Super image－3000 允许同时打开 2 个存储器窗口,可方便地观察程序不同区域的存储器。

11. 查看寄存器

需要查看和修改寄存器值时,可以执行“视图”菜单的“寄存器”命令以打开寄存器窗口。另外,Super image－3000 的寄存器窗口允许自行增加寄存器窗口中未列出的寄存器,也可删除列在寄存器窗口的寄存器。

12. 查看变量

在仿真调试过程中使用变量窗口便可以监控某些符号参数、变量等。首先选择“视图”菜单的“变量”命令打开变量窗口,然后在变量窗口中单击右键打开快捷菜单,执行菜单中的“增加”命令,在增加变量对话框中填入所要查看变量名并单击“OK”。

13. 存储器窗口“编辑”菜单

激活存储器窗口,再打开编辑菜单。可选择存储器窗口显示的内容:程序存储器、数据存储器、CPU 内部存储器、特殊寄存器区。

(1)显示地址:拖动存储器窗口的上下滚动条即可在标题栏上动态显示当前移动的地址。如果仍然觉得不够方便,请使用“显示地址”,执行该命令后弹出对话框。在输入框内输入要转移到的地址,如 4000,存储器窗口即转移到 4000H 地址空间显示。

(2)刷新:刷新当前寄存器窗口。

(3)仿真内存空间:显示程序/数据空间内容。

(4)仿真端口空间:显示外部 I/O 口存储空间。

第二章　软件实验

程序设计步骤

(1) 分析问题：对题目要求进行分析，确定已知条件和题目要求。

(2) 确定算法：根据已知条件和题目要求确定算法。

(3) 程序结构选择：根据算法选择程序设计结构，例如，顺序、分支、循环结构。

(4) 画出流程图：常用的流程图符号如图 2.1 所示。

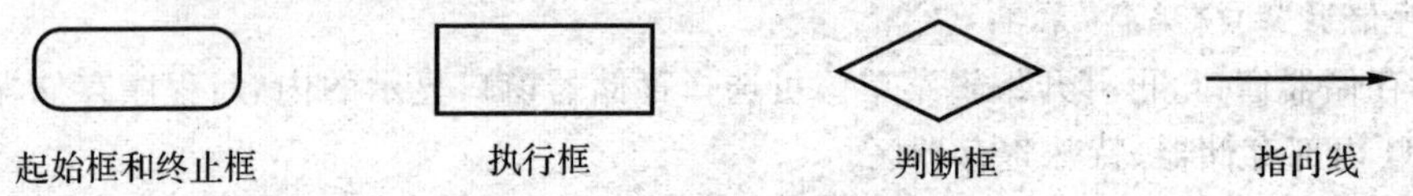

图 2.1　常用流程图符号

(5) 编写程序：根据流程图，逐条编写程序，力求简单明了，层次清楚，运行时间短，占用内存单元少。

实验一　认识实验

一、实验目的

(1)掌握数据传送指令的功能；

(2)学习手工汇编的方法；

(3)学习键盘输入机器代码的方法；

(4)掌握片内、片外数据存储器的访问、显示和修改方法。

二、预习要求

1. 上机前应熟悉指令的格式

MCS－51 单片机的汇编语言指令格式：

[标号:]操作码助记符[操作数][;注释]

(1)标号是用户设定的符号，表示该语句所在的地址。

1)用于一段功能程序的识别标记或控制转移地址。指令前的标号代表该指令的地址，是用符号表示的地址。

2)标号一般由英文字母和数字组成。

3)标号与操作码之间必须用冒号“ :”分隔。

(2)操作码。

1)操作码用助记符表示,它代表了指令的操作功能。

2)操作码是指令的必需部分,是指令的核心,不可缺少。

(3)操作数。

1)操作数可以是数据,也可以是数据的地址、数据地址的地址或操作数的其他信息。

2)操作数可分为目的操作数和源操作数。

3)操作数可用二进制数、十进制数或十六进制数表示。

4)操作数的个数可以是 0～3 个。

5)操作数与操作码之间用空格分隔,操作数与操作数之间用逗号“,”分隔。

(4)注释是对语句或程序段功能的说明。注释要用分号“;”开头,注释的长度不限。

2. 弄清汇编语言指令与机器语言指令的关系

用汇编语言编写的程序最终将编译成计算机能直接执行的用二进制机器码表示的目标程序(机器语言程序)。为了书写方便,这种二进制机器码通常采用十六进制来表示。

3. 掌握 MCS－51 单片机的内部寄存器和存储器的结构

(1)MCS－51 单片机存储器可分为 5 类:片内程序存储器、片外程序存储器、片内数据存储器、特殊功能寄存器、片外数据存储器。

(2)MCS－51 单片机存储器的地址空间可分为 3 个,在访问这 3 个不同的地址空间时,采用不同形式的指令:

1)片内片外统一编址的 64KB 程序存储器地址空间(用 16 位地址),如图 2.2 所示;

2)片内数据存储器与特殊功能寄存器统一编址的 256B 内部数据存储器地址空间(用 8 位地址);

3)64 KB 片外数据存储器地址空间(16 位地址),如图 2.3 所示。

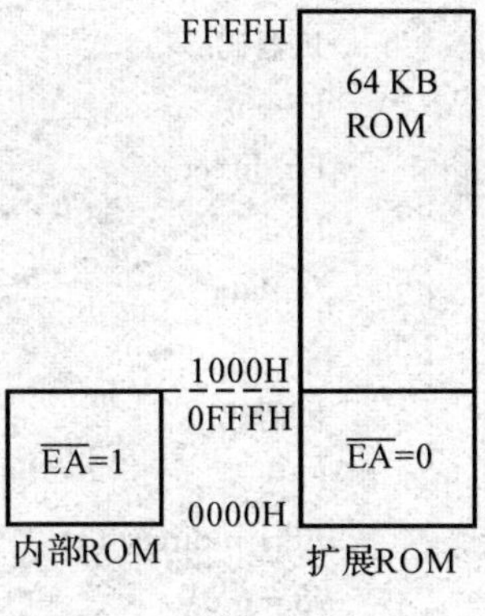

图 2.2　程序存储器

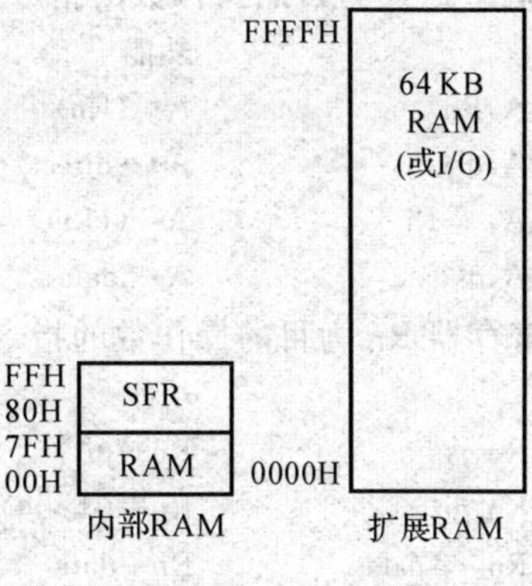

图 2.3　数据存储器

4. 掌握 MCS－51 的 7 种寻址方式

指定操作数所在的地址,或者指定程序转移的目的地址的方式。

(1)立即寻址。操作数在指令中以 8 位立即数＃data 的方式直接给出。为了与直接地址相区别,在立即数前面加“＃”标志。

(2)直接寻址。指令中的操作数以操作数存放单元的直接地址给出。直接寻址方式寻址范围只限于单片机内部数据存储器中地址为 00H～7FH 的 128 个存储单元以及 21 个特殊功能寄存器。特殊功能寄存器在指令中可以用寄存器符号表示，也可以用它们的单元地址来表示。在指令的格式中它们用 direct 来表示。

(3)寄存器寻址。操作数在指令所选定的寄存器中。寄存器寻址方式的寻址范围是当前工作寄存器组的 R0～R7、部分特殊功能寄存器 A、B 和 DPTR。

(4)寄存器间接寻址。以寄存器中的数据为某存储单元的地址，该地址所指的存储单元中的数据才是操作数。能够用于寄存器间接寻址的寄存器有：R0、R1、DPTR，用时在它们前面要加@来表示。SP 在指令执行中也起到寄存器间接寻址的作用，但它不出现在指令表达形式中。

(5)变址寻址。以数据指针 DPTR 或程序计数器 PC 为基址寄存器，累加器 A 为偏移量寄存器，将基址寄存器中的内容加上累加器中的内容之和作为操作数的地址。该方式只能对程序存储器中的数据进行操作。

变址寻址方式的指令只有三条，并且只有读操作而无写操作。

```
MOVC   A,@A+DPTR
MOVC   A,@A+PC
JMP   @A+DPTR
```

(6)相对寻址。相对寻址主要用于实现程序的分支转移，在相对寻址的转移指令中，给出了地址偏移量 rel，把 PC 的当前值加上偏移量就构成了程序转移的目的地址。

(7)位寻址。采用位寻址方式指令的操作数是 8 位二进制数中的某 1 位，指令中给出的是位址。位寻址的寻址范围如下：

1)片内数据存储器位寻址区中，位地址为 00H～7FH 的 128 位；

2)11 个有位寻址特殊功能寄存器中的 82 个有效可寻址位。

5. 熟悉数据传送类指令

(1)以累加器 A 为目的操作数的指令(4 条)。

指令	功能	机器码
MOV　A,Rn	A←(Rn)	E8+n
MOV　A,direct	A←(direct)	E5 direct
MOV　A, @Ri	A←((Ri))	E6+i
MOV　A,#data	A← data	74 data

(2)以寄存器 Rn 为目的操作数的指令(3 条)。

指令	功能	机器码
MOV　Rn,A	Rn←(A)	F8+n
MOV　Rn,direct	Rn←(direct)	A8+n direct
MOV　Rn, #data	Rn←data	78+n data

(3)以直接地址 direct 为目的操作数的指令(5 条)。

指令	功能	机器码
MOV　direct,A	direct←(A)	F5 direct
MOV　direct,Rn	direct←(Rn)	88+n direct
MOV　direct,direct	direct←(direct)	85 源地址 目的地址
MOV　direct,@Ri	direct←((Ri))	86+i direct
MOV　direct,#data	direct←data	75 direct data

(4)以间接地址@Ri 为目的操作数的指令(3 条)。

指令	功能	机器码
MOV　@Ri, A	(Ri)←(A)	F6+i
MOV　@Ri, direct	(Ri)←(direct)	A6+i direct
MOV　@Ri, #data	(Ri)←data	76+i data

(5)以 DPTR 为目的操作数的指令(1 条)。

指令	功能	机器码
MOV　DPTR,#data16	DPTR ←data16	90 data16

(6)访问外部 RAM 的指令(4 条)。

指令	功能	机器码
MOVX　A,@DPTR	A←((DPTR))	E0
MOVX　A,@Ri	A ←((Ri))	E2+i
MOVX　@DPTR,A	(DPTR)←(A)	F0
MOVX　@Ri,A	(Ri)←(A)	F2+i

(7)读程序存储器的指令(2 条)。

指令	功能	机器码
MOVC　A,@A+PC	PC←(PC)+1 A←((A)+(PC))	83
MOVC　A,@A+DPTR	A←((A)+(DPTR))	93

(8)数据交换指令(4 条)。

指令	功能	机器码
XCH　A,direct	(A)与(direct)互换	C5 direct
XCH　A,@Ri	(A)与((Ri))互换	C6+i
XCH　A,Rn	(A)与(Rn)互换	C8+n
XCHD　A,@Ri	(A3－0)与((Ri)3－0)互换	D6+i

(9)堆栈操作指令(2 条)。

指令	功能	机器码
PUSH　direct	SP←(SP)+1,(SP)←(direct)	C0 direct
POP　direct	direct←((SP)),SP←(SP)－1	D0 direct

三、实验器材

(1) 超想-3000TB 综合实验仪	1 台
(2) HK51TB 仿真板	1 块

四、实验内容

(1)内部数据传送:用立即寻址的方式给片内 RAM 20H、25H,B 寄存器分别置数为 25H、88H、AAH。

(2)外部数据传送:将立即数 88H 送到片外 RAM 的 8000H 单元中。

五、实验原理

尽管手工编译由于效率太低而在实际工作中不再使用,然而对于初学者而言,手工编译对理解编译原理是必不可少的,同时对于理解一些譬如相对偏移、绝对偏移等专用名词的含义帮助甚多。利用 MCS－51 的数据传送指令，对片内 RAM 和片外 RAM 进行寻址，进一步理解片内 RAM 空间，片外 RAM 空间的概念。

六、实验步骤

(1)编写程序，借助 MCS－51 指令速查表手工编译成机器代码。
(2)把超想－3000TB 综合实验仪与 HK51TB 仿真适配板连接好。打开电源，数码管应显示 8051，否则，请速关机。
(3)通过键盘输入程序代码。
(4)设置工作模式("PI　EE")。
(5)单步调试。
(6)断点调试。
(7)内部数据 DATA、特殊功能寄存器查看。
(8)外部数据 XDATA 查看及修改。

实验二　拆字程序、拼字程序

一、实验目的

(1)掌握 MCS－51 的逻辑指令功能和汇编语言设计方法；
(2)学习 Windows 平台下的调试方法；
(3)掌握汇编语言顺序结构的设计方法。

二、预备知识

1. 逻辑运算与移位类指令

(1)逻辑与指令(6 条)。

指令	功能	机器码
ANL　direct，A	direct←(direct)∧(A)	52 direct
ANL　direct，#data	direct←(direct)∧data	53 direct date
ANL　A，#data	A←(A)∧data	54 data
ANL　A，direct	A←(A)∧(direct)	55 direct
ANL　A，@Ri	A←(A)∧((Ri))	56＋i
ANL　A，Rn	A←(A)∧(Rn)	58＋n

(2)逻辑或指令(6 条)。

指令	功能	机器码
ORL　direct，A	direct←(direct)∨(A)	42 direct
ORL　direct，#data	direct←(direct)∨data	43 direct date
ORL　A，#data	A←(A)∨data	44 data
ORL　A，direct	A←(A)∨(direct)	45 direct
ORL　A，@Ri	A←(A)∨((Ri))	46＋i
ORL　A，Rn	A←(A)∨(Rn)	48＋n

(3) 逻辑异或指令(6 条)。

指令	功能	机器码
XRL　direct, A	direct←(direct)⊕(A)	62 direct
XRL　direct, #data	direct←(direct)⊕ data	63 direct date
XRL　A, #data	A←(A)⊕ data	64 data
XRL　A, direct	A←(A)⊕(direct)	65 direct
XRL　A, @Ri	A←(A)⊕((Ri))	66+i
XRL　A, Rn	A←(A)⊕(Rn)	68+n

(4) 清零与取反指令(2 条)。

指令	功能	机器码
CLR　A	A←0	E4
CPL　A	把 A 的内容取反	F4

(5) 移位指令(5 条)。

指令	功能	机器码
RR　A	将 A 中的数据循环右移 1 位	03
RL　A	将 A 中的数据循环左移 1 位	23
RRC　A	将 A 中的数据带进位标志位 C (作最高位)循环右移 1 位	13
RLC　A	将 A 中的数据带进位标志位 C (作最高位)循环左移 1 位	33
SWAP　A	将 A 中数据的高 4 位和低 4 位互换	C4

2. 顺序结构程序的编程

顺序结构是指无分支、无循环结构，也不调用子程序的程序，这是最简单的程序结构。顺序程序执行的流程是依指令在存储器中的存放顺序进行的。

三、实验器材

(1) 超想-3000TB 综合实验仪　　1 台

(2) HK51TB 仿真板　　1 块

(3) 计算机　　1 台

四、实验内容

(1) 把 8000H 单元中的数据拆开，高 4 位送 8001H 单元的低 4 位，低 4 位送 8002H 单元的低 4 位，且将 8001H、8002H 地址的高 4 位屏蔽。

(2) 把 8000H、8001H 两个单元中数据的低 4 位取出拼装成一个字节，送入 8002H 的单元中。

五、实验原理

程序是一系列有序指令的集合。单片机通过执行程序完成相应的任务。程序设计的任务就是根据任务的要求，给出解决问题的步骤和算法，编制程序的过程。本实验是利用逻辑运算指令屏蔽或保护某些位。

六、实验步骤

(1)把综合实验仪、仿真器与计算机串行口连起来,打开电源。

(2)在计算机上用鼠标点击“HKmcs51 仿真机”图标,进入 Windows 调试环境,选择串行口,点击“确认”。

(3)初始化系统设置:用鼠标点击“设置”菜单,选择 CPU 类型,并设置 RAM 和 ROM 的配置,点击“确认”。

(4)编辑文件。(只能在英文模式下编辑文件)

(5)文件保存。

(6)文件编译、连接、装载。

(7)设置观察窗口(外部数据存储器窗口)。

(8)单步执行程序。

(9)按 Ctrl+F9 键连续执行程序。

(10)中断执行程序。

(11)软件复位 CPU:按 Ctrl+F2。

七、思考题

修改 8000H、8001H 内容,重复上述实验。

实验三 双字节十进制加法程序设计

一、实验目的

(1)掌握加法指令的带进位与不带进位指令的应用场合;

(2)熟悉十进制调整指令的调整规则和应用场合。

二、预备知识

1. 算术运算类指令

(1)不带进位的加法指令(4 条)。

指令	功能	机器码
ADD A,#data	A←(A)+data	24 data
ADD A, direct	A←(A)+(direct)	25 direct
ADD A, @Ri	A←(A)+((Ri))	26+i
ADD A, Rn	A←(A)+(Rn)	28+n

(2)带进位加法指令(4 条)。

指令	功能	机器码
ADDC A,#data	A←(A)+data+(C)	34 data
ADDC A, direct	A←(A)+(direct)+(C)	35 direct
ADDC A, @Ri	A←(A)+((Ri))+(C)	36+i
ADDC A, Rn	A←(A)+(Rn)+(C)	38+n

(3)加 1 指令(5 条)。

指令	功能	机器码
INC A	A←(A)+1	04
INC direct	direct←(direct)+1	05 direct
INC @Ri	(Ri)←((Ri))+1	06+I
INC Rn	Rn←(Rn)+1	08+n
INC DPTR	DPTR←(DPTR)+1	A3

(4)十进制调整指令(1 条)。

指令	功能	机器码
DA A	对 A 中的结果进行十进制调整	D4

(5)带借位减法指令(4 条)。

指令	功能	机器码
SUBB A,#data	A←(A)−data−(C)	94 data
SUBB A,direct	A←(A)−(direct)−(C)	95 direct
SUBB A,@Ri	A←(A)−((Ri))−(C)	96+i
SUBB A,Rn	A←(A)−(Rn)−(C)	98+n

没有不带借位的减法指令,先将进位标志 C 清零,即可用此组指令来完成不带借位的减法。这组指令对 PSW 中的 C、AC、OV 和 P 等位均有影响。

(6)减 1 指令(4 条)。

指令	功能	机器码
DEC A	A←(A)−1	14
DEC direct	direct←(direct)−1	15direct
DEC @Ri	(Ri)←((Ri))−1	16+i
DEC Rn	Rn←(Rn)−1	18+n

(7)乘法指令(1 条)。

指令	功能	机器码
MUL AB	A 与 B 中 8 位无符号数相乘	A4

(8)除法指令(1 条)。

指令	功能	机器码
DIV AB	8 位无符号数 A 除以 B	84

三、实验器材

(1)超想 3000 仿真器	1 台
(2)计算机	1 台
(3)超想-3000TB 综合实验仪	1 台

四、实验内容

双字节求和:存放两个双字节二进制数在片内 30H 和 40H 开始的单元中,求两数之和,并将和存放在 50H 开始的单元中。进位位放在 52H 单元。

五、实验原理

通过对加法指令的学习,要区分带进位加法与不带进位加法的应用场合,明确使用 ADD

或 ADDC 指令是进行二进制数相加。若想完成十进制数相加，必须用 DA 指令对二进制数相加结果进行十进制调整。ADD 或 ADDC 指令对标志位有影响，而 INC 指令虽然加 1，但对标志位却没有影响。

六、实验步骤

(1)把综合实验仪、仿真器与计算机串行口连起来，打开电源。

(2)在计算机上用鼠标点击"HKmcs51 仿真机"图标，进入 Windows 调试环境，选择串行口，点击"确认"。

(3)初始化系统设置：用鼠标点击"设置"菜单，选择 CPU 类型，并设置 RAM 和 ROM 的配置，点击"确认"。

(4)编辑文件。

(5)文件保存。

(6)文件编译、连接、装载。

(7)设置观察窗口。

(8)打开 CPU 内部存储器给 30H、31H、40H、41H 赋值。

(9)单步执行程序。

(10)复位。

(11)检查结果。

七、思考题

若为十进制数(BCD 码)相加，如何改动程序？

实验四　找出最大数程序设计

一、实验目的

(1)掌握分支程序的结构；

(2)掌握控制转移指令的功能；

(3)学习 Windows 平台下的编辑、编译、排错、调试方法。

二、预备知识

1. 控制转移类指令

(1) 无条件转移指令(4 条)。

1)短跳转指令。

指令	功能	机器码
AJMP addr11	PC←(PC)+2, PC10～0←addr11	△1 addr7～0

该指令的机器码为 2 个字节，格式为：高字节为 $a_{10}a_9a_8$00001；低字节为 a_7～a_0。

该指令转移的目的地址是从它下一条指令首地址开始的 2 KB 程序存储器范围内。例如，AJMP 2250H 是指在程序存储器中的首地址是 2500H，转移的目的地址为 2250H；指令机器码为 4150。2250H 显然是在 2 KB 转移地址范围内。

2)长跳转指令。

指令	功能	机器码
LJMP　addr16	PC←addr16	02 addrH addrL

3)相对转移指令。

指令	功能	机器码
SJMP　rel	PC←(PC)＋2,PC←(PC)＋rel	80 rel

4)基址加变址间接转移指令。

指令	功能	机器码
JMP　@A＋DPTR	PC←(A)＋(DPTR)	73

(2)条件转移指令(8 条)。

1)累加器判 0 转移指令。

指令	功能	机器码
JZ　rel	(A)＝00H：PC←(PC)＋2＋rel (A)≠00H：PC←(PC)＋2	60 rel
JNZ　rel	(A)≠00H：PC←(PC)＋2＋rel (A)＝00H：PC←(PC)＋2	70 rel

2)比较不相等转移指令。

指令	机器码
CJNE　A,＃data,rel	B4 data rel
CJNE　A, direct,rel	B5 direct rel
CJNE　@Ri,＃data,rel	B6＋i data rel
CJNE　Rn,＃data,rel	B8＋n data rel

3)减 1 不为 0 转移指令。

指令	机器码
DJNZ　Rn,rel	d8＋n rel
DJNZ　direct,rel	d5 direct rel

(3) 调用与返回指令(4 条)。

1)调用指令。

指令	机器码
ACALL　addr11	＊1 addr7～0
LCALL　addr16	12 addrH addrL

2)返回指令。

指令	功能	机器码
RET	PC15－8←((SP)),SP←(SP)－1 PC7－0←((SP)),SP←(SP)－1	22
RETI	PC15－8←((SP)),SP←(SP)－1 PC7－0←((SP)),SP←(SP)－1	32

(4)空操作指令(1 条)。

指令	功能	机器码
NOP	PC←(PC)＋1	00

(5)位条件转移指令(5 条)。

指令	功能	机器码
JBC　bit,rel	(bit)＝1,转移,且(bit)清 0	10 bit rel
JB　bit,rel	(bit)＝1,转移	20 bit rel
JNB　bit,rel	(bit)＝0,转移	30 bit rel
JC　rel	(C)＝1,转移	40 rel
JNC　rel	(C)＝0,转移	50 rel

(6)位操作类指令。

1)位变量传送指令(2 条)。

指令	功能	机器码
MOV　bit,C	bit←(C)	92 bit
MOV　C,bit	C←(bit)	A2 bit

2)位清零和置位指令(4 条)。

指令	功能	机器码
CLR　bit	bit←0	C2 bit
CLR　C	C←0	C3
SETB　bit	bit←1	D2 bit
SETB　C	C←0	D3

3)位逻辑运算指令(6 条)。

指令	功能	机器码
ANL　C,bit	C←(C)∧(bit)	82 bit
ANL　C,/bit	C←(C)∧/(bit)	B0 bit
ORL　C,bit	C←(C)∨(bit)	72 bit
ORL　C,/bit	C←(C)∨/(bit)	A0 bit
CPL　C	C 中的内容取反	B3
CPL　bit	位地址单元中的内容取反	B2 bit

4)位条件转移指令(5 条)。

指令	功能	机器码
JBC　bit,rel	(bit)＝1,转移,且(bit)清 0	10 bit rel
JB　bit,rel	(bit)＝1,转移	20 bit rel
JNB　bit,rel	(bit)＝0,转移	30 bit rel
JC　rel	(C)＝1,转移	40 rel
JNC　rel	(C)＝0,转移	50 rel

2. 分支结构程序设计方法

在程序设计中,有时根据实际需要可以通过判断、比较等结果,改变程序执行的顺序,转向不同的分支。分支程序是通过转移指令实现的,可分成单分支、双分支和多分支三种结构。

三、实验器材

(1)超想 3000 仿真器	1 台
(2)计算机	1 台
(3)超想-3000TB 综合实验仪	1 台

四、实验内容

找最大数：在外部 RAM8000H、8001H 单元的两无符号数中，找出较大的送到 8002H 中去。

五、实验原理

分支程序有单分支和多分支之分，主要由控制转移指令来控制转移。常用的控制转移指令有：JZ、JNZ、JC、JNC、JB、JNB、CJNE、DJNZ、SJMP、LJMP、AJMP、JMP、ACALL、LCALL、RET。

六、实验步骤

(1)把综合实验仪、仿真器与计算机串行口连起来，打开电源。
(2)在计算机上用鼠标点击"HKmcs51 仿真机"图标，进入 Windows 调试环境，选择串行口，点击"确认"。
(3)初始化系统设置：用鼠标点击"设置"菜单，选择 CPU 类型，并设置 RAM 和 ROM 的配置，点击"确认"。
(4)编辑文件。
(5)文件保存。
(6)文件编译、连接、装载。
(7)设置观察窗口。
(8)打开外部数据存储器给 8000H、8001H 赋值。
(9)单步执行程序。
(10)按 Ctrl+F9 键连续执行程序。
(11)中断执行程序。
(12)软件复位 CPU ：按 Ctrl+F2。
(13)检查 8002H 单元结果。

七、思考题

编写程序实现两个符号数比较大小。

实验五　清零程序设计

一、实验目的

(1)掌握循环程序的结构；
(2)学习循环程序的设计方法。

二、预备知识

在程序设计中，经常需要连续多次地重复执行某段程序，这时可以设计循环程序，这种结构有助于用简短的程序完成大量的处理任务，我们把这种按某一规律重复执行的程序称为循环程序。

循环程序的设计中一般包含有：初始化、循环体、循环修改、循环控制、循环结束等部分。

循环程序的操作流程有先执行后判断和先判断后执行两种结构。

三、实验器材

(1)超想-3000TB综合实验仪	1台
(2)计算机	1台
(3)超想3000仿真器	1台

四、实验内容

(1)编程将片内RAM(DATA)的40H～60H各单元清零。

(2)把外部RAM(XDATA)的8000H～80FFH RAM中各单元清零。

五、实验原理

进行循环程序设计，要掌握循环程序的结构。一般由四个部分组成：初始化部分；循环体部分；循环修改部分；循环控制部分。

六、实验步骤

(1)把综合实验仪、仿真器与计算机串行口连起来，打开电源。

(2)在计算机上用鼠标点击“HKmcs51仿真机”图标，进入Windows调试环境，选择串行口，点击“确认”。

(3)初始化系统设置：用鼠标点击“设置”菜单，选择CPU类型，并设置RAM和ROM的配置，点击“确认”。

(4)编辑文件。

(5)文件保存。

(6)文件编译、连接、装载。

(7)设置观察窗口(外部数据存储器窗口)。

(8)全速执行程序。

(9)软件复位CPU：按Ctrl+F2。

(10)检查相关单元的结果。

七、思考题

修改程序把8000H～8080H中内容置AAH。

实验六　数据排序程序设计

一、实验目的

(1)掌握固定次数和非固定次数循环程序设计的方法；

(2)学习 WAVE 平台下的编辑、编译、排错、调试方法。

二、实验器材

(1) 计算机　　1台
(2) WAVE 软件　　1套

三、实验内容

编写并调试一个排序子程序，其功能为：用冒泡法将内部 RAM50H 单元开始的 10 个单字节无符号正整数，按从小到大的次序重新排列。

四、实验原理

对于固定次数的循环，可以预先设置循环计数值，存放在一个工作寄存器中，用 DJNZ 指令实现循环。本实验是一个双重循环，内层循环为 $n-1$ 次，外层循环次数可采用设置标志位的办法控制(非固定次数)，先将标志位清零，若有数据交换(即逆序)，标志位置 1。每次内层循环结束，判断标志位状态，决定是否作外层循环。这样可以提高 CPU 的工作效率。

五、实验步骤

(1)在计算机上装入 WAVE 软件，进入 Windows 调试环境，点击"确认"。
(2)初始化系统设置：用鼠标点击"设置"菜单，选择 CPU 类型，并设置 RAM 和 ROM 的配置，点击"确认"。
(3)编辑文件。
(4)文件保存。
(5)文件编译、连接、装载。
(6)设置观察窗口。
(7)打开 CPU 内部存储器给 50H 开始的 10 个单元赋值。
(8)连续运行。
(9)复位。
(10)检查结果。

六、思考题

编一程序把 50H～59H 单元中数据按从大到小排序。

第三章　硬件实验

实验一　程控循环灯

一、实验目的

(1)学习单片机基本 I/O 口的应用；
(2)掌握延时程序的设计方法。

二、预备知识

1. I/O 口特点

(1)P0 口的特点。P0 口是一个双功能的端口,即地址/数据分时复用口和通用 I/O 口。具有高电平、低电平和高阻抗 3 种状态的 I/O 端口称为双向 I/O 端口。P0 口作地址/数据总线复用口时,相当于一个真正的双向 I/O 口。而用作通用 I/O 口时,由于引脚上需要外接上拉电阻,端口不存在高阻(悬空)状态,此时 P0 口只是一个准双向口。为保证引脚上的信号能正确读入,在读入操作前应首先向锁存器写 1;单片机复位后,锁存器自动被置 1;一般情况下,如果 P0 口已作为地址/数据复用口时,就不能再用作通用 I/O 口使用;P0 口能驱动 8 个 TTL 负载。

(2)P1 口的特点。P1 口由于有内部上拉电阻,没有高阻抗输入状态,所以称为准双向口。作为输出口时,不需要再在片外拉接上拉电阻；P1 口读引脚输入时,必须先向锁存器写入 1,其原理与 P0 口相同;P1 口能驱动 4 个 TTL 负载。

(3)P2 口的特点。P2 口用作高 8 位地址输出线应用时,与 P0 口输出的低 8 位地址一起构成 16 位的地址总线,可以寻址 64KB 地址空间;当 P2 口作高 8 位地址输出口时,其输出锁存器原锁存的内容保持不变；作为通用 I/O 口使用时,P2 口为准双向口,功能与 P1 口一样；P2 口能驱动 4 个 TTL 负载。

(4)P3 口的特点。P3 口内部有上拉电阻,不存在高阻输入状态,是一个准双向口;P3 口作第二功能的 I/O 或作通用输入时,均需将相应的锁存器置 1。实际应用中,由于复位后 P3 口锁存器自动置 1,已满足第二功能运作条件,所以可以直接进行第二功能操作;P3 口的某位不作为第二功能使用时,则自动处于通用 I/O 口功能,可作为通用 I/O 口使用;作通用 I/O 口使用时,输入信号取自缓冲器 BUF2 的输出端,作第二功能使用时,输入信号取自缓冲器 BUF3 的输出端;P3 口能驱动 4 个 TTL 负载。

2. 子程序

子程序是单片机应用程序必不可少的部分。在实际应用中,有些通用性的问题在一个程序中可能要使用多次,而编写出来的程序段是完全相同的。为了避免重复,使程序结构紧凑,阅读和调试更加方便,往往将其从主程序中独立出来,设计成称为子程序的形式,供程序运行时随时调用。

子程序的结构与主程序基本相同，其区别在于它的执行是由其他程序来调用的，执行完后仍要返回到调用它的主程序去。

在调用子程序时，有以下几点应予以注意：

(1)对于在调用前主程序已经使用了的某些存储单元和寄存器，若在调用时需要将它们作其他用途，那么应先把这些单元或寄存器中的内容压入堆栈保护起来(现场保护)，调用完后再从堆栈中弹出(现场恢复)。保护和恢复可在主程序中实现，也可在子程序中实现。

(2)在调用子程序时，主程序应通过某种方式把有关的参数(子程序的入口参数)传给子程序，子程序执行完毕后，又需要通过某种方式把有关的参数(子程序的出口参数)传给主程序。入口参数和出口参数的传递可通过累加器、寄存器、存储单元和堆栈来实现。

(3)子程序可以嵌套。

三、实验器材

(1)超想-3000TB综合实验仪	1台
(2)超想3000仿真器	1台
(3)计算机	1台
(4)连线	若干根

四、实验原理

由8051组成的单片机系统通常情况下，P0口分时复用作为地址、数据总线；P2口提供A15～A8即高8位地址；P3口用作第二功能；只有P1口通常用作I/O口。8051的P1口作为基本I/O口使用，P1口是8位准双向口，它的每一位都可独立地定义为输入或输出，因此，既可作为8位的并行I/O口，也可作为8位的输入或输出端。

五、实验内容

以8051的P1口作为输出口，接8只发光二极管，用软件控制使其循环点亮。

六、实验线路

实验线路如图3.1所示。

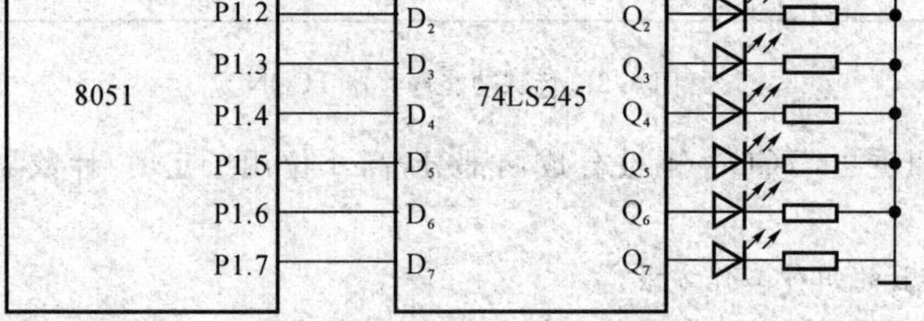

图3.1　程控循环灯实验线路

七、思考题

(1)使发光二极管由两边向中间点亮并循环,如何修改程序?

(2)总结延时程序的编程方法。

实验二　脉冲计数器

一、实验目的

(1)熟悉 8051 定时/计数器的记数功能;

(2)掌握定时计数器初始化编程方法;

(3)掌握中断程序的调试方法。

二、预备知识

1.定时器/计数器简介

单片机芯片内部有定时/计数器 T0 和定时/计数器 T1 两个部件来实现定时或计数功能。当定时/计数结构发生计数溢出时,即表明定时时间到或计数值已满,这时计数溢出信号作为中断请求去置位定时中断的请求标志位 TF0 或 TF1,CPU 以此标志位是否置位来判断是否有定时中断请求。这类中断请求是发生在单片机芯片内部的,所以在单片机芯片上不用设置中断请求信号的输入端。

在单片机中有两个特殊功能寄存器 TMOD 和 TCON 与定时/计数有关,如图 3.2 和图 3.3所示,在写程序时就可直接用 TMOD 和 TCON 这个名称来指定它们,也可以用它们的地址 89H 和 88H 来指定它们。

用于 T1				用于 T0			
CATE	C/$\overline{T}$	M1	M0	CATE	C/$\overline{T}$	M1	M0

图 3.2　特殊功能寄存器 TMOD

从图 3.2 可以看出,TMOD 被分成两部分,每部分 4 位,分别用于控制 T1 和 T0。

用于定时/计数器				用于中断			
TF1	TR1	TF0	TR0	IE1	IT1	IE0	IT0

图 3.3　特殊功能寄存器 TCON

从图 3.3 可以看出,TCON 也被分成两部分,高 4 位用于定时/计数器,低 4 位则用于中断。

2.定时/计数器的四种工作方式

(1)工作方式 0:定时器/计数器的工作方式 0 为 13 位定时/计数方式。它由 TL(1/0)的低 5 位和 TH(0/1)的 8 位构成 13 位的计数器,此时 TL(1/0)的高 3 位未用。

(2)工作方式1:这种工作方式是16位的定时/计数方式,将M1M0设为01即可,其他特性与工作方式0相同。

(3)工作方式2:在这种工作方式下,只有低8位参与计数,而高8位不参与计数,用作预置数的存放,通常这种工作方式用于波特率发生器。

(4)工作方式3:在这种工作方式下,定时/计数器T0被拆成2个独立的定时/计数器来用。其中,TL0可以构成8位的定时器或计数器的工作方式,而TH0则只能作为定时器来用。一般情况下,只有在T1以工作方式2运行(当波特率发生器用)时,才让T0工作于方式3。

3.定时器/计数器的定时/计数范围

(1)工作方式0:13位定时/计数方式;

(2)工作方式1:16位定时/计数方式;

(3)工作方式2和工作方式3:都是8位的定时/计数方式;

(4)预置值计算:用最大计数量减去需要的计数次数即可。

三、实验器材

(1)超想-3000TB综合实验仪	1台
(2)超想3000仿真器	1台
(3)计算机	1台
(4)连线	若干根

四、实验内容

利用定时/记数器T0对外部输入的脉冲进行计数,并送显示器显示。

五、实验原理

MCS-51有两个16位的定时/计数器:T0和T1。计数和定时实质上都是对脉冲信号进行计数,只不过脉冲源不同而已。当工作在定时方式时,计数脉冲来自单片机的内部,每个机器周期使计数器加1,由于计数脉冲的频率是固定的(即每个脉冲为1个机器周期的时间),故可通过设定计数值来实现定时功能。当工作在计数方式时,计数脉冲来自单片机的引脚,每当引脚上出现一个由1到0的电平变化时,计数器的值加1,从而实现计数功能。可以通过编程来指定计数器的功能,以及它的工作方式。读取计数器的当前值时,应读3次。这样可以避免在第一次读完后,第二次读之前,由于低位溢出向高位进位时的错误。

六、实验步骤

用连线把“总线插孔”的P3.4孔连“脉冲源”的“输出”孔,执行程序,按动TR3带锁按钮,观察数码管上计数脉冲的个数。

实验线路如图3.4所示。

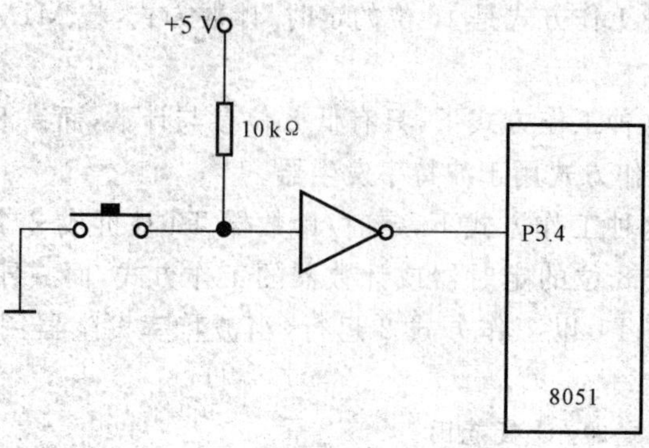

图 3.4 脉冲计数器实验线路

七、思考题

当把 P3.4 孔分别与“脉冲源”的 2 MHz，1 MHz，0.5 MHz 孔相连时，显示值反而比连 0.25 MHz 孔更慢，为什么？当 f_{osc} = 6 MHz 时，能够计数的脉冲信号最高频率为多少？

实验三 音乐编程器

一、实验目的

(1)了解发出不同音调声音的编程方法；
(2)掌握定时/计数器、定时、中断的综合应用。

二、预备知识

1. 中断的定义

CPU 暂时中止现行的程序，而转去对随机发生的、更紧迫的事件进行处理(中断服务程序)，在处理完毕后，CPU 自动返回原来的程序继续运行。

2. 中断源

中断源指能发出中断请求，引起中断的装置或事件。

8051 单片机的中断源共有 5 个，其中 2 个为外部中断源，3 个为内部中断源。

(1)INT0：外部中断 0，中断请求信号由 P3.2 输入。
(2)INT1：外部中断 1，中断请求信号由 P3.3 输入。
(3)T0：定时/计数器 0 溢出中断，对外部脉冲计数由 P3.4 输入。
(4)T1：定时/计数器 1 溢出中断，对外部脉冲计数由 P3.5 输入。
(5)串行中断：包括串行接收中断 RI 和串行发送中断 TI。

3. 中断控制

8051 单片机中涉及中断控制的有 3 个方面 4 个特殊功能寄存器。

(1)中断请求：定时和外中断控制寄存器 TCON；串行控制寄存器 SCON。
(2) 中断允许控制寄存器 IE。

(3) 中断优先级控制寄存器 IP。

4. 中断入口地址

8051 单片机有 5 个中断入口地址。

INT0：0003H；　T0：000BH；　INT1：0013H；　T1：001BH；　串行口：0023H

三、实验器材

(1)超想-3000TB 综合实验仪　1台

(2)超想 3000 仿真器　1台

(3)计算机　1台

(4)连线　若干根

四、实验内容

利用 MCS-51 单片机的定时/记数器及中断的概念，设计一个音乐编程器，用 P3.0 口发出音频脉冲，驱动喇叭，演奏 1 首音乐。

五、实验原理

声音是由振动产生的，每个音符都对应了一个频率，如表 3.1 所示。利用定时/计数器 T0 工作方式，通过改变 TH0 和 TL0 的值，就可以产生不同频率的脉冲。例如，想产生 524 Hz (音符 1 的发音)的频率，其周期为 1/524=1 984 μs。由于 $t=\frac{周期}{2}=954\ \mu s$，因此只要让 T0 定时 954 μs 后，使 P3.0 取反，就可以在 P3.0 引脚上输出一个频率为 524 Hz 的脉冲。

定时初值 T 可以由 $T=2^{16}-\frac{t}{12}f_{osc}$ 计算。

表 3.1　音频输出表

音符	频率/Hz	T 值	音符	频率/Hz	T 值
$\underset{\cdot}{1}$	262	64 582	1	524	65 059
$\underset{\cdot}{2}$	294	64 685	2	578	65 110
$\underset{\cdot}{3}$	330	64 778	3	659	65 156
$\underset{\cdot}{4}$	349	64 819	4	698	65 178
$\underset{\cdot}{5}$	392	64 898	5	784	65 217
$\underset{\cdot}{6}$	440	64 968	6	880	65 252
$\underset{\cdot}{7}$	494	65 030	7	988	65 283

六、实验步骤

把 P3.0 用连线连至“音响与合成”框 LM386 的 Vin1 插孔上。

实验四　串并转换

一、实验目的

(1)掌握 MCS－51 单片机串行口方式 0 的工作原理；

(2)了解方式 0 时的应用，即通过串行口扩展并行口，进行静态显示的方法；

(3)掌握串行移位寄存器芯片 74LS164 的工作原理。

二、预备知识

1. 串行口特殊功能寄存器

(1)串行数据缓冲器 SBUF。其在逻辑上只有一个，既是发送寄存器，又是接收寄存器，具有同一个单元地址 99H，用同一寄存器名 SBUF。在物理上有两个，一个是发送缓冲寄存器，另一个是接收缓冲寄存器。

发送时，只需将发送数据输入 SBUF，CPU 将自动启动和完成串行数据的发送；接收时，CPU 将自动把接收到的数据存入 SBUF，用户只需从 SBUF 中读出接收数据。

(2)串行控制寄存器 SCON。其各位含义及功能等见表 3.2。

表 3.2　串行控制寄存器 SCON

SCON	D7	D6	D5	D4	D3	D2	D1	D0
位名称	SM0	SM1	SM2	REN	TB8	RB8	TI	RI
位地址	9FH	9EH	9DH	9CH	9BH	9AH	99H	98H
功能	工作方式选择		多机通信控制	接收允许	发送第 9 位	接收第 9 位	发送中断	接收中断

注：①SM0 SM1——串行口工作方式选择位。
②SM2——多机通信控制位。
③REN——允许接收控制位。REN=1，允许接收。
④TB8——方式 2 和方式 3 中要发送的第 9 位数据。
⑤RB8——方式 2 和方式 3 中要接收的第 9 位数据。
⑥TI——发送中断标志。
⑦RI——接收中断标志。

(3)电源控制寄存器 PCON。其各位情况见表 3.3。

表 3.3　电源控制寄存器 PCON

PCON	D7	D6	D5	D4	D3	D2	D1	D0
位名称	SMOD	—	—	—	GF1	GF0	PD	IDL

SMOD=1，串行口波特率加倍。PCON 寄存器不能进行位寻址。

2. 串行工作方式 0

8051 串行通信共有 4 种工作方式，由串行控制寄存器 SCON 中 SM0 SM1 决定。

(1)串行工作方式 0(同步移位寄存器工作方式)。以 RXD(P3.0)端作为数据移位的输入/输出端,以 TXD(P3.1)端输出移位脉冲。

移位数据的发送和接收以 8 位为一帧,不设起始位和停止位,无论输入/输出,均低位在前高位在后。

方式 0 可将串行输入/输出数据转换成并行输入/输出数据。

数据发送时,串行口作为并行输出口使用时,要有“串入并出”的移位寄存器配合。在移位时钟脉冲(TXD)的控制下,数据从串行口 RXD 端逐位移入 74HC164 SA、SB 端。8 位数据全部移出后,SCON 寄存器的 TI 位被自动置 1。其后 74HC164 的内容即可并行输出。74HC164 CLR 为清 0 端,输出时 CLR 必须为 1,否则 74HC164 Q0～Q7 输出为 0。

(2) 波特率。方式 0 波特率固定为单片机晶振频率的$\frac{1}{12}$。

三、实验器材

(1)超想-3000TB 综合实验仪	1 台
(2)超想 3000 仿真器	1 台
(3)74LS164 芯片	1 片
(4)LED 显示器	1 个
(5)连线	若干根

四、实验内容

利用 MCS-51 的串行口设计一个一位 LED 显示牌,使 LED 循环依次显示 0～F。

五、实验原理

MCS-51 单片机除了具有 4 个 8 位并行口外,还具有一个全双工的串行通信接口,该接口有 4 种工作方式。本实验采用工作方式 0,通过 74LS164 实现串入并出。

六、实验线路

实验线路如图 3.5 所示。

七、实验步骤

(1)在超想-3000TB 综合实验仪上的自由插座上,按原理图接线。

(2)编写检测程序检测硬件电路。

(3)编写程序完成实验内容。

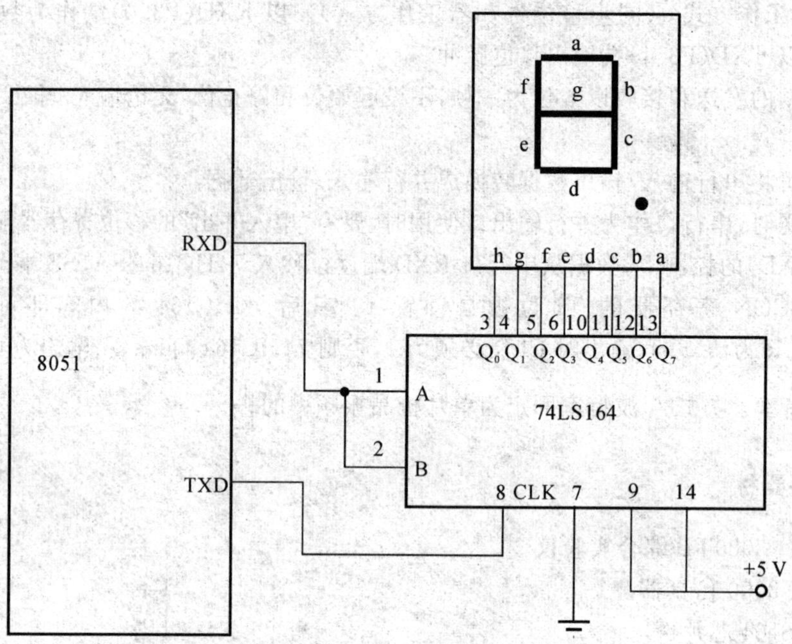

图 3.5 串并转换实验线路

实验五 八段数码管显示

一、实验目的

(1)了解数码管动态显示的原理;

(2)了解 74LS164 扩展端口的方法。

二、预备知识

LED(Light Emitting Diode,发光二极管)是当外加电压超过额定电压值时发生击穿而发出可见光。LED 的工作电流通常 2～20 mA,工作压降为 2 V 左右,使用时需加限流电阻。LED 发光器件一般常用的有两类:数码管和点阵,单片机应用系统通常使用八段数码管。

八段数码管又称 8 字型数码管,分为 8 段:a、b、c、d、e、f、g、dp,由 8 个发光二极管构成,其中 dp 为小数点,通称八段 LED,如图 3.6 所示。

数码管又可分为共阴极接法(8 个发光二极管的阴极接在一起)和共阳极接法(8 个发光二极管的阳极接在一起),如图 3.7 所示。通过对公共端(COM)接地或接高电平的控制,可使共阴极或共阳极数码管根据由 a～g 引脚输入的代码来显示数字或符号。对数码管公共端的电位控制操作称为位选。

为了使数码管显示数字或符号,要为 LED 显示器提供代码,这些代码是使显示器显示字型的,所以也称之为字型代码、段选码。八段数码管由 8 个发光二极管的亮暗来构成字型,所以对应于 a～dp 的字型代码正好是一个字节,其对应关系见表 3.4。

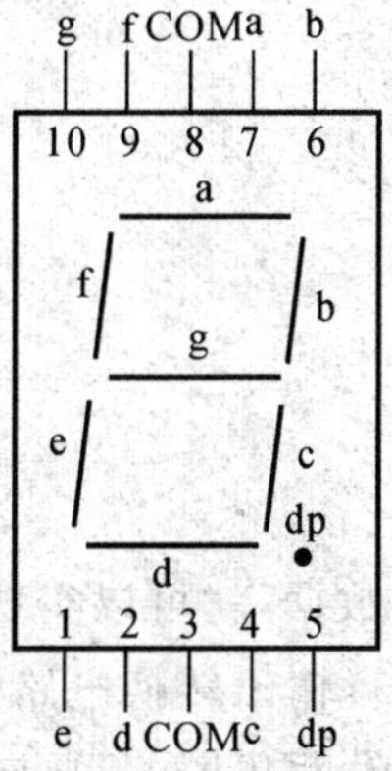

图 3.6 八段数码管

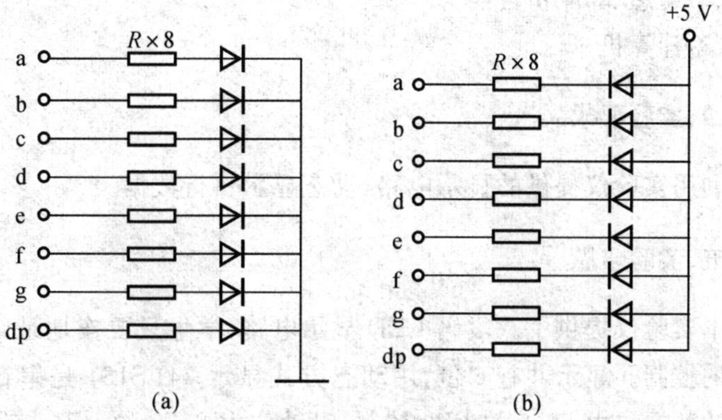

图 3.7 数据管接法

(a)共阴极接法；(b)共阳极接法

表 3.4 代码位与显示段的对应表

代码位	D7	D6	D5	D4	D3	D2	D1	D0
显示段	dp	g	f	e	d	c	b	a

应用中要将一个 8 位并行段选码送至 LED 显示器对应的引脚，送入的段选码不同，显示的数字或字符也不同。共阴极与共阳极的段选码互为反码，如表 3.5 所示。

表 3.5 字型与段选码对应表

字型	共阴极段选码	共阳极段选码	字型	共阴极段选码	共阳极段选码
0	3FH	C0H	B	7CH	83H
1	06H	F9H	C	39H	C6H
2	5BH	A4H	D	5EH	A1H
3	4FH	B0H	E	79H	86H
4	66H	99H	F	71H	8EH
5	6DH	92H	P	73H	8CH
6	7DH	82H	U	3EH	C1H
7	07H	F8H	Γ	31H	CEH
8	7FH	80H	Y	6EH	91H
9	6FH	90H	8.	FFH	00H
A	77H	88H	灭	00H	FFH

三、实验器材

(1)超想-3000TB 综合实验仪 1 台

(2)超想 3000 仿真器 1台

(3)计算机 1台

四、实验要求

利用实验仪提供的显示电路，动态显示一行数据。

五、实验步骤

本实验仪提供了八段码 LED 显示电路，学生只要按地址输出相应数据，就可以实现对显示器的控制。显示共有 6 位，用动态方式显示 74LS164 是串行输入并行输出转换电路，串行输入的数据位由 8155 的 PB0 控制，时钟位由 8155 的 PB1 控制输出。写程序时，只要向数据位地址输出数据，然后向时钟位地址输出一高一低两个电平就可以将数据位置到 74LS164 中，并且实现移位。向显示位选通地址输出高电平就可以点亮相应的显示位。本实验仪中数据位输出地址为 0E102H，时钟位输出地址为 0E102H，位选通输出地址为 0E101H。本实验涉及 8155 IO/RAM 扩展芯片的工作原理以及 74LS164 器件的工作原理。

实验六　键盘扫描显示

一、实验目的

(1)掌握键盘和显示器的接口方法和编程方法；

(2)掌握键盘扫描和 LED 八段码显示器的工作原理。

二、预备知识

键盘是一种常见的输入设备，根据按键的识别方法分类，键盘有机器码型和非机器码型两种。靠硬件识别按键的称机器码键盘，通过软件识别按键的称为非机器码键盘。根据键盘的结构分类，键盘可分为独立式按键键盘和行列式按键键盘。单片机系统中，一般使用的都是用软件来识别和产生键代码的非机器码键盘。所需按键较少时，多采用独立式按键键盘；所需按键较多时，通常把键排列成矩阵形式形成矩阵式键盘，也称为行列式键盘。

单片机与键盘的接口及其软件的任务主要包括以下几个方面：

(1)检测并判断是否有键按下；

(2)按键开关的延时去抖动功能；

(3)计算并确定按键的键值；

(4)程序根据计算出的键值进行一系列的动作处理和执行。

三、实验器材

(1)超想-3000TB 综合实验仪 1台

(2)超想 3000 仿真器 1台

(3)计算机 1台

四、实验内容

在实验五的基础上，利用实验仪提供的键盘扫描电路和显示电路，做一个扫描键盘和数码显示实验，把按键输入的键码在6位数码管上显示出来。

五、实验步骤

本实验仪提供了一个6×4的小键盘，向列扫描码地址(0E101H)逐列输出低电平，然后从行码地址(0E103H)读回。如果有键按下，则相应行的值应为低，如果无键按下，由于上拉的作用，行码为高。这样就可以通过输出的列码和读取的行码来判断按下的是什么键。在判断有键按下后，要有一定的延时，防止键盘抖动。列扫描码还可以分时用作LED的位选通信号。

实验七　双机通信

一、实验目的

(1)掌握单片机串行口工作方式的程序设计及简单三线式通信的方法；

(2)了解实现串行通信的硬件环境、数据格式的协议、数据交换的协议；

(3)学习串行口通信的中断方式程序的编写方法。

二、预备知识

串行工作方式1是一帧10位的异步串行通信方式，包括1个起始位、8个数据位和1个停止位。

(1) 数据发送。发送时只要将数据写入SBUF，在串行口由硬件自动加入起始位和停止位，构成一个完整的帧格式。然后在移位脉冲的作用下，由TXD端串行输出。一帧数据发送完毕，将SCON中的TI置1。

(2)数据接收。接收时，在REN＝1前提下，当采样到RXD发生从1向0的跳变状态时，就认定为已接收到起始位。随后在移位脉冲的控制下，将串行接收数据移入SBUF中。一帧数据接收完毕，将SCON中的RI置1，表示可以从SBUF取走接收到的一个字符。

(3)波特率。方式1波特率可变，由定时/计数器T1的计数溢出率来决定，即

$$\text{波特率} = 2^{\text{SMOD}} \times (\text{T1 溢出率}) \div 32$$

其中SMOD为PCON寄存器中最高位的值，SMOD＝1表示波特率倍增。

在实际应用时，通常是先确定波特率，后根据波特率求T1定时初值，因此上式又可写为

$$T_{\text{初值}} = 256 - \frac{2^{\text{SMOD}}}{32} \times \frac{f_{\text{osc}}}{12 \times \text{波特率}}$$

三、实验器材

(1)超想-3000TB综合实验仪	1台
(2)超想3000仿真器	1台
(3)连线	若干根

四、实验内容

利用8051单片机串行口，实现两个实验台之间的串行通信。其中一个实验台作为发送方，另一侧为接收方。发送方将片内RAM50H～60H各单元数据发送给接收方的同样单元。

五、实验线路

实验线路如图3.8所示。

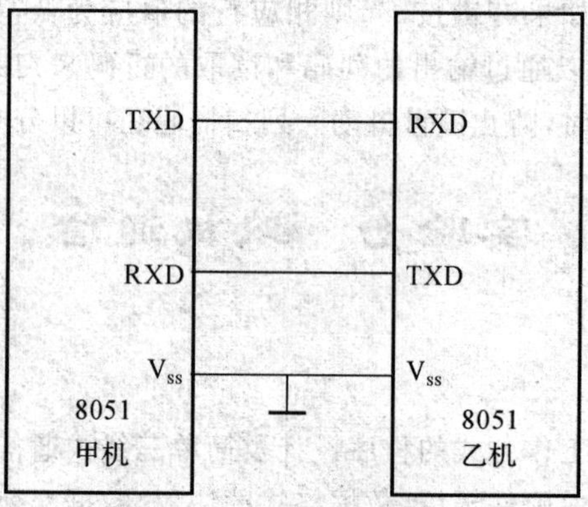

图3.8 双机通信实验线路

六、实验步骤

(1)分别编写发送和接收程序。
(2)执行程序，并在接收方的相应单元检查结果。

实验八 并行I/O口扩展(8155接口芯片使用)

一、实验目的

(1)掌握MCS-51单片机系统I/O口扩展方法；
(2)掌握并行接口芯片8155的性能以及编程使用方法；
(3)了解软件、硬件调试技术。

二、预备知识

1. 8155 IO/RAM扩展芯片的基本构成

8155是一种复合型的可编程并行I/O接口芯片，其内部由三个可编程I/O端口(A口、B口为8位口；C口为6位口)、一个可编程的14位定时/计数器和256B RAM构成。

2. 8155 IO/RAM扩展芯片的引脚说明

8155 IO/RAM扩展芯片的外部也采用40引脚的DIP封装，其引脚排列和内部结构如图3.9所示。

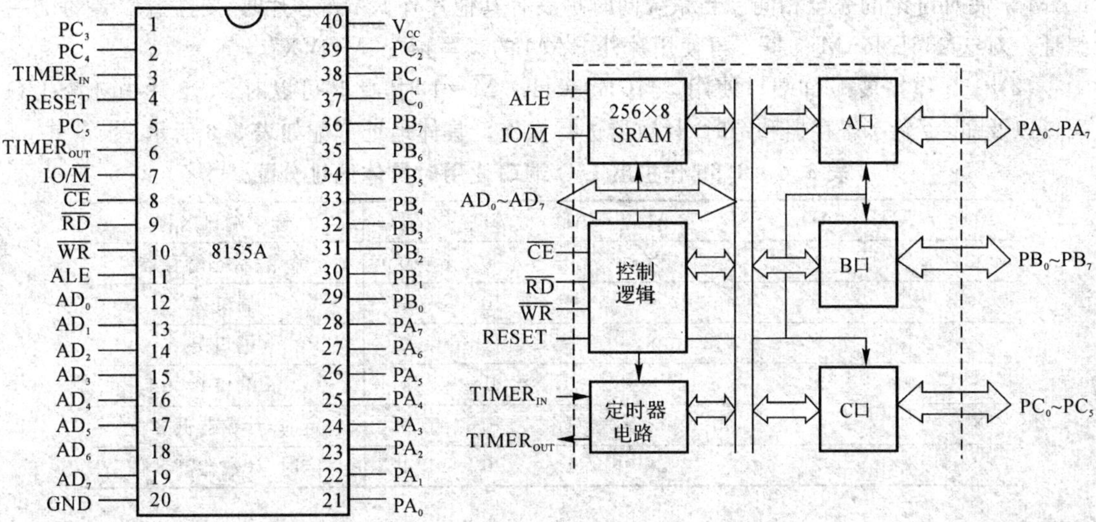

(a)　　　　　　　　　　(b)

图 3.9　8155 的引脚排列和内部结构

(a)引脚排列；(b)内部结构

(1) $AD_7 \sim AD_0$：地址/数据复用总线，与单片机的 P0 口相连分时传送地址和数据信息。用 ALE 的下降沿将单片机 P0 口输出的低 8 位地址信号通过 $AD_7 \sim AD_0$ 引脚锁存到 8155 内部的地址寄存器。

(2) I/O 口总线：$PA_0 \sim PA_7$，$PB_0 \sim PB_7$ 分别为 A，B 口线，用于和外设之间传递数据，$PC_0 \sim PC_5$ 为 C 口线，既可与外设传送数据，也可以作为 A，B 口的控制联络线。

(3) ALE：地址锁存信号，常和单片机的 ALE 端相连。除利用其下降沿进行 $AD_7 \sim AD_0$ 的地址锁存控制外，还用于把和 I/O 等信号的状态进行锁存。因此，单片机的 P0 口和 8155 连接时，无须外接锁存器。

(4) $\overline{RD}$和$\overline{WR}$：读选通信号和写选通信号。

(5) $IO/\overline{M}$：I/O 端口与 RAM 的选择信号。如果 $IO/\overline{M}=0$，对片内 RAM 进行读写，此时 $AD_7 \sim AD_0$ 送入的地址为 RAM 的单元地址，其寻址范围为 00H～FFH。若 $IO/\overline{M}=1$，则选择对片内 I/O 端口进行读写。此时 $AD_7 \sim AD_0$ 送入的地址是 8155 内部 3 个 I/O 端口、命令/状态寄存器和定时/计数器的地址。

(6) $\overline{CE}$：片选线，低电平有效。

(7)RESET：复位引脚。8155 在该引脚接收到大于 0.6ms 脉宽的正脉冲时，对内部各端口进行复位，并将 A，B，C 三个端口设置为输入方式。

(8)$TIMER_{IN}$，$TIMER_{OUT}$：$TIMER_{IN}$是脉冲输入线，其输入脉冲对 8155 内部的 14 位定时/计数器减 1；$TIMER_{OUT}$为输出线，当计数器计满回 0 时，8155 从该线输出设定的脉冲或方波。

3. 8155 IO/RAM 扩展芯片主要功能

(1)8155 作片外 RAM 使用。当$\overline{CE}=0$，$IO/\overline{M}=0$ 时，8155 $IO/\overline{M}$ 只能作片外 RAM 使用，共 256B。其寻址范围由$\overline{CE}$、$IO/\overline{M}$ 以及 $AD_0 \sim AD_7$ 的接法决定，这和前面讲到的片外

RAM 扩展时讨论的完全相同。当系统同时扩展有其他片外 RAM 芯片时，要注意二者的统一编址。对这 256B RAM 的操作可使用片外 RAM 的读写指令“MOVX”。

(2)8155 作扩展 I/O 端口使用。当$\overline{CE}=0$，$IO/\overline{M}=1$ 时，此时可以对 8155 片内 3 个 I/O 端口以及命令/状态寄存器和定时/计数器进行操作。具体地址分配如表 3.6 所示。

表 3.6 8155 作扩展 I/O 端口使用时具体地址分配

AD_7	AD_6	AD_5	AD_4	AD_3	AD_2	AD_1	AD_0	选中端口名称
×	×	×	×	×	0	0	0	命令/状态寄存器
×	×	×	×	×	0	0	1	端口 A
×	×	×	×	×	0	1	0	端口 B
×	×	×	×	×	0	1	1	端口 C
×	×	×	×	×	1	0	0	定时/计数器低 8 位
×	×	×	×	×	1	0	1	定时/计数器高 8 位

1) 命令/状态寄存器。芯片 8155 的 I/O 口工作方式的确定也是通过对 8155 的命令寄存器写入控制字来实现的。

8155 的命令/状态寄存器由命令寄存器和状态寄存器组成，并共享一个端口地址，即 AD_2 AD_1 $AD_0=000$。当对该端口进行写入操作时，接入的是命令寄存器，用于设置控制字；当时该端口进行读出操作时，接入的是状态寄存器，读出的是状态字。

命令寄存器只能写入不能读出，也就是说，控制字只能通过指令 MOVX @DPTR, A 或 MOVX @Ri, A 写入命令寄存器。

8155 控制字的格式如图 3.10 所示。

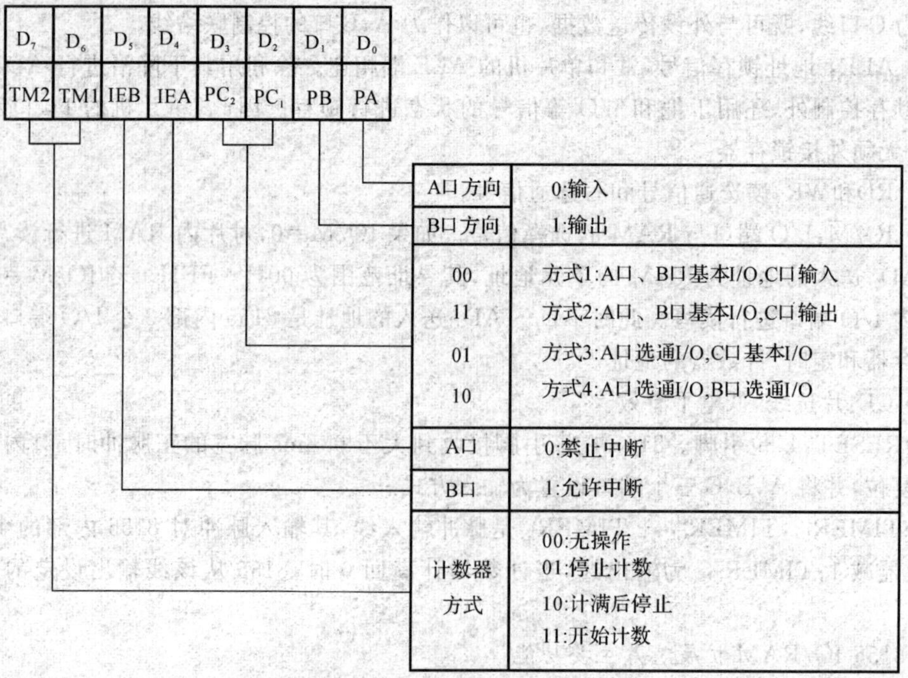

图 3.10 8155 控制字的格式

2) I/O 口操作。8155 的 A 口、B 口可工作于基本 I/O 方式或者选通 I/O 方式。C 口可作为基本 I/O 线,也可作为 A 口、B 口工作在选通方式时的联络信号线。

A,B,C 三口共有 4 种组合工作方式。方式 1、2 时,A,B,C 都工作于基本 I/O 方式,可以直接和外设相连,采用“MOVX”类的指令进行 I/O 操作。方式 3 时,A 口为选通 I/O 方式,由 C 口的低 3 位作联络线,其余位作 I/O 线;B 口为基本 I/O 方式。方式 4 时,A,B 口均为选通 I/O 方式,C 口作为 A,B 口的联络线。

三、实验器材

(1)超想-3000TB 仿真头	1 个
(2)超想 3000 仿真器	1 台
(3)8155 芯片	1 片
(4)面包板	一块
(5)连线	若干根

四、实验内容

利用超想-3000TB 仿真头,扩展芯片 8155,设计一个拨码跟踪显示器由拨码盘拨入 0～9 这 10 个数字,则对应在 LED 上显示出相应的数字。

五、实验原理

本实验中采用 8155 扩展了两个输出口、一个输入口以实现拨码输入和数码管输出。可编程并行接口芯片 Intel 8155 内部含有 256B 的静态 RAM,两个并行 8 位口 PA,PB,一个并行的 6 位口 PC,以及一个 14 位的定时/计数器,是单片机系统最常用的接口芯片之一,掌握其性能与作用方法非常重要。

六、实验线路

实验线路如图 3.11 所示。

七、实验步骤

(1)设定仿真模式为程序存储器在仿真器上,数据存储器指向用户板。按如图 3.11 所示接法,8155 的命令口为 0100H,A 口为 0101H,B 口为 0102H,C 口为 0103H;定时器低 8 位定时器为 0104H,高 6 位定时器为 0105H;8155 内部 RAM 的地址为 0100H～01FFH。

(2)硬件测试。

1)软件测试硬件:编写测试程序测试硬件故障。

2)编译程序,用单步、断点、连续方式调试程序,排除软件错误。运行程序,观察输入拨码和输出显示器状态,直至达到本实验的要求为止。

八、思考题

试编写程序,使用 8155 定时器,每隔 1 s 依次读出 RAM 数据,在 PB 口发光二极管上显示状态。

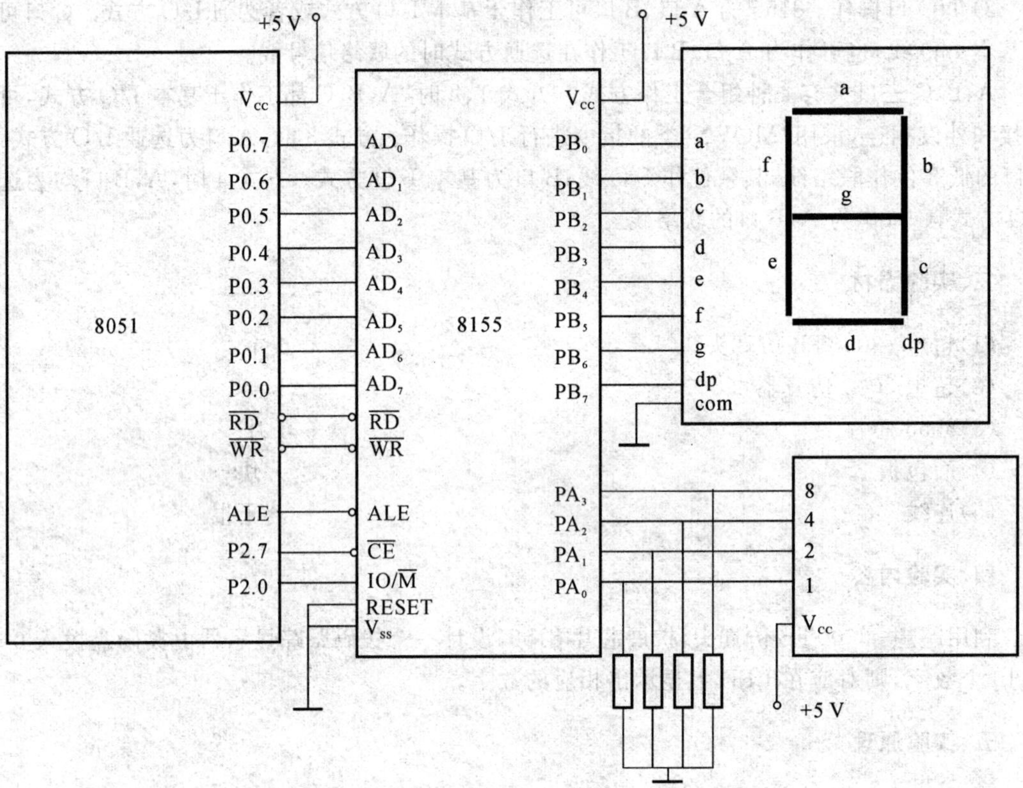

图 3.11 并行 I/O 口扩展实验线路

实验九 ADC0809 A/D 转换

一、实验目的

(1)掌握 A/D 转换与单片机接口的方法;

(2)了解 A/D 转换芯片 ADC0809 转换性能及编程方法。

二、预备知识

ADC0809 内部结构及引脚如图 3.12 所示。

ADC0809 的主要组成有 1 个 8 选 1 模拟电子开关,用于选择 8 路模拟输出的某 1 路;1 个地址锁存与译码器,用 3 个地址输入信号 ADDA,ADDB,ADDC 来决定对哪一路模拟信号进行 A/D 转换;一个采用逐次逼近法实现 A/D 转换的 8 位转换电路(比较器+D/A 电路+其他控制电路);一个三态输出锁存缓冲器,用于存放和输出 A/D 转换得到的数字量。

引脚功能如下:

(1) START:A/D 转换启动信号(输入)。加上正脉冲后,由其上升沿复位 ADC0809,使其所有内部寄存器清 0,下降沿启动 A/D 转换,在 A/D 转换期间,START 应保持低电平。

(2) ALE:地址锁存信号(输入)。高电平时,将 ADDC,ADDB,ADDA 三位地址信号送入地址锁存器并经译码器后得到地址译码信号用于选择相应的模拟量输入通道。

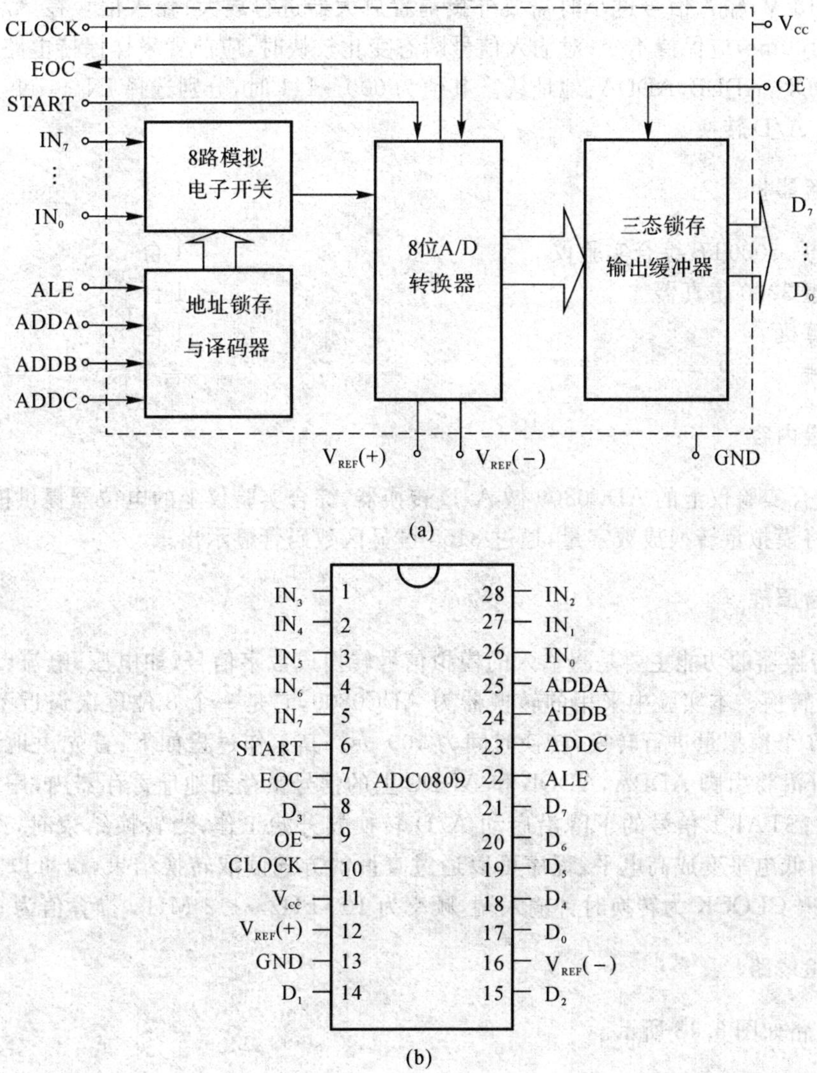

图 3.12　ADC0809 内部结构及引脚排列

(a)内部结构；(b)引脚排列

(3) EOC：转换结束信号(输出)。转换开始时，该引脚为低电平。转换结束时，该引脚返回高电平，表示转换结束。

(4) CLOCK：时钟输入信号。ADC0809 内部没有时钟电路，所需时钟信号通过 CLK 引脚由外部提供，典型时钟频率 640 kHz，此时的转换时间约为 100μs。

(5) OE：输出允许信号(输入)。OE 低电平时，输出数据线 $D_0 \sim D_7$ 呈高阻态；OE 为高电平时，$D_0 \sim D_7$ 输出 A/D 转换得到的二进制数据。

(6) V_{REF}(＋)：A/D 转换器参考标准电压输入。用于与 IN_i 引脚输入的模拟电压信号进行比较，作为逐次逼近的基础标准电位。其典型值为＋5V。

(7) V_{CC}：芯片电源电压输入。允许其值范围在＋5～＋15 V 之间选择。

(8) IN_0～IN_7:模拟信号输入通道,ADC0809 对输入模拟量的要求为信号单极性;电压范围为 0～＋15 V;输入信号过小时需要外接前置放大器进行放大;输入信号在 A/D 转换过程中(一般为 100ms)应保持不变;对输入信号瞬态变化较快时,应前置采样保持电路。

(9)ADDC,ADDB,ADDA:地址线。其值为 000～111 时,分别选择 IN_0～IN_7 模拟输入通道之一进行 A/D 转换。

三、实验器材

(1)超想-3000TB 综合实验仪	1 台
(2)超想 3000 仿真器	1 台
(3)计算机	1 台
(4)连线	若干根

四、实验内容

利用综合实验仪上的 ADC0809 做 A/D 转换器,综合实验仪上的电位器提供模拟量输入,编制程序,将模拟量转换成数字量,通过 8155 键显区数码管显示出来。

五、实验原理

A/D 转换器的功能主要是将输入的模拟信号转换成数字信号,如电压、电流、温度测量等都属于这种转换。本实验中采用的转换器为 ADC0809,它是一个 8 位逐次逼近型 A/D 转换器,可以对 8 个模拟量进行转换,转换时间为 100 μs。其工作过程如下:首先由地址锁存信号 ALE 的上升沿将引脚 ADDA,ADDB 和 ADDC 上的信号锁存到地址寄存器内,用以选择模拟量输入通道;START 信号的下降沿启动 A/D 转换器开始工作;当转换结束时,ADC0809 使 EOC 引脚由低电平变成高电平,程序可以通过查询的方式读取转换结果,也可以通过中断方式读取结果。CLOCK 为转换时钟输入端,频率为 100 kHz～1.2 MHz,推荐值为 640 kHz。

六、实验线路

实验线路如图 3.13 所示。

七、实验步骤

(1)设定仿真模式为程序空间在仿真器上,数据空间在用户板上。

(2)“总线插孔”区的 P1.0(YC2)孔接 CS09 孔,CLOCK 接脉冲源 0.25 MHz,0.5 MHz,1 MHz,2 MHz,INT 接 5V 电源。

(3)编写程序,编译通过并连接。本程序使用查询的方式读取转换结果。在读取转换结果的指令后设置断点,运行程序,在断点处检查并读出 A/D 转换结果,数据是否与 V_{IN0} 相对应。修改程序中错误,使显示值随 V_{IN0} 变化而变化。

(4)调整综合实验仪上模拟信号发生器的电位器,使输入到 ADC0809 的 IN_0 上电压为一定值。

八、思考题

(1)试编写循环采集八路模拟量输入 A/D 转换程序。

(2)以十进制方式显示。

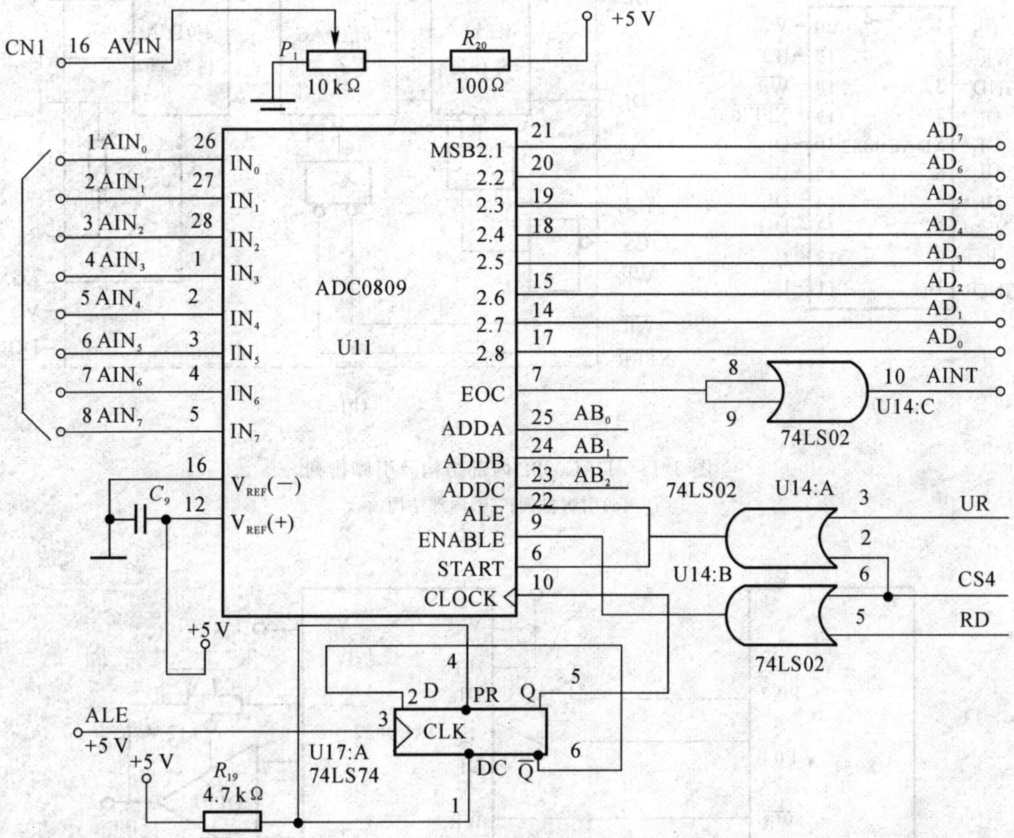

图 3.13　A/D 转换实验线路

实验十　DAC0832 D/A 转换

一、实验目的

(1)了解 D/A 转换与单片机的接口方法；

(2)了解 D/A 转换芯片 DAC0832 的性能及编程方法。

二、预备知识

DAC0832 内部结构及引脚排列如图 3.14 所示。

(1)单缓冲方式连接。所谓单缓冲方式就是使 DAC0832 的 2 个寄存器中的 1 个处于直通方式,而另一个处于受控的锁存方式,如图 3.15 所示。

(2)双缓冲方式连接。所谓双缓冲方式就是将 DAC0832 内部的输入寄存器和 DAC 寄存器均连接成独立的受控锁存方式。单片机须执行三次写指令才可完成一次完整的 D/A 转换。该方式的接口连接如图 3.16 所示。

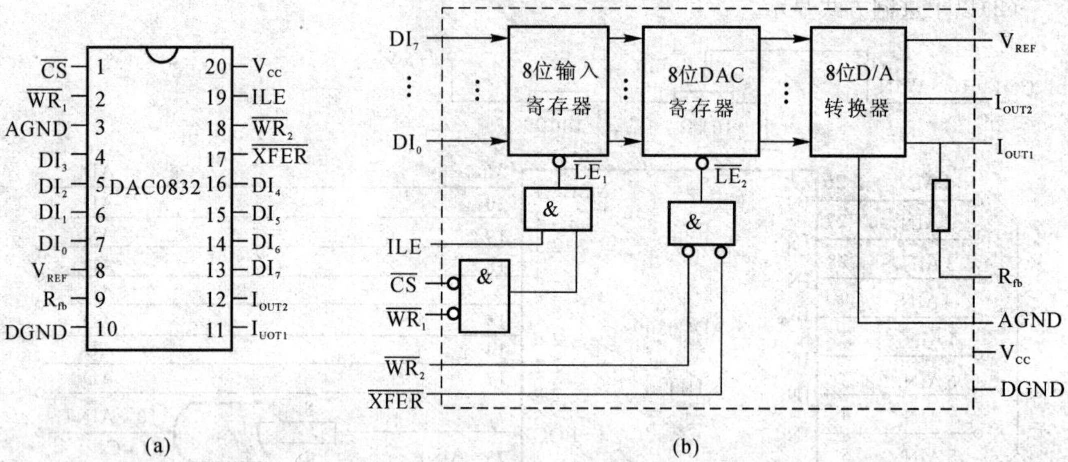

图 3.14　DAC0832 内部结构及引脚排列

(a)引脚排列；(b)内部结构

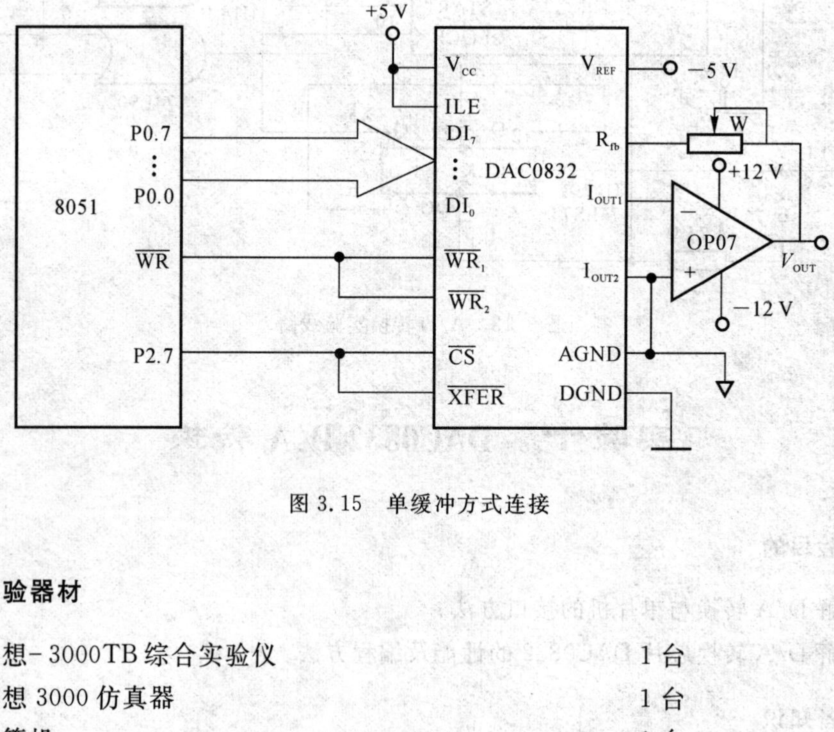

图 3.15　单缓冲方式连接

三、实验器材

(1)超想-3000TB 综合实验仪	1 台
(2)超想 3000 仿真器	1 台
(3)计算机	1 台
(4)示波器	1 台
(5)连线	若干根

四、实验内容

利用 DAC0832 输出一个从 0 V 开始逐渐升至 5 V 再降至 0 V 的三角波电压，用示波器观察波形显示。

五、实验原理

D/A 转换器的功能主要是将输入的数字量转换成模拟量输出，在语音合成等方面得到了广泛的应用。本实验中采用的转换器为 DAC0832，该芯片为电流输出型 8 位 D/A 转换器，输入设有两级缓冲锁存器，因此可同时输出多路模拟量。本实验中采用单级缓冲连接方式，用 DAC0832 来产生三角波，具体线路如图 3.16 所示。由于

$$V_{OUT} = -\frac{D}{2^n} \cdot V_{REF}$$

因此，V_{REF} 引脚的电压极性和大小决定了输出电压的极性与幅度，超想-3000TB 综合实验仪上的 DAC0832 的第 8 引脚（V_{REF}）的电压已接为 −5 V，所以输出电压值的幅度为 0～5 V。

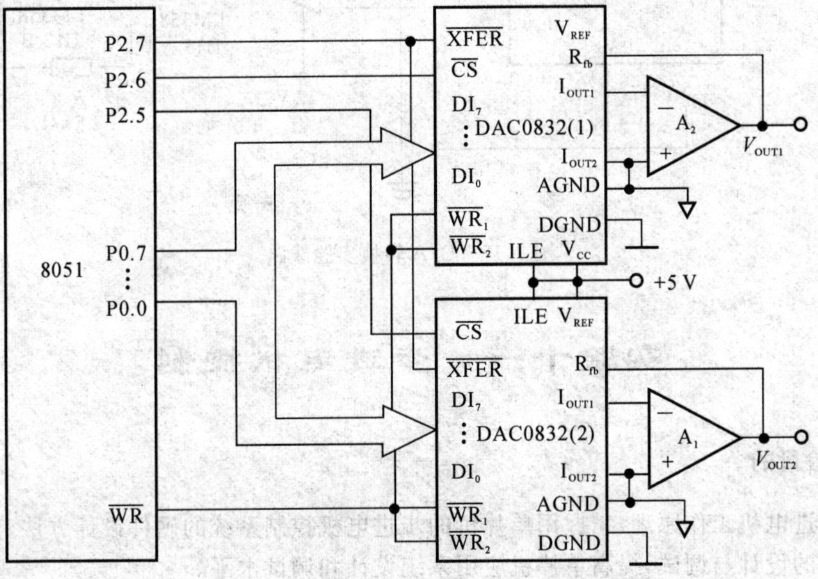

图 3.16　双缓冲方式连接

六、实验线路

实验线路如图 3.17 所示。

七、实验步骤

(1)设定仿真模式为程序空间在仿真器上，数据空间在用户板上。

(2)“总线插孔”区的 P1.1(YC3)孔接 CS32 孔，OUT 孔接示波器。

(3)编写程序、编译程序，用单步、断点、连续方式调试程序，排除软件错误。

(4)在示波器上观察输出波形。

八、思考题

修改程序，产生锯齿波、方波。

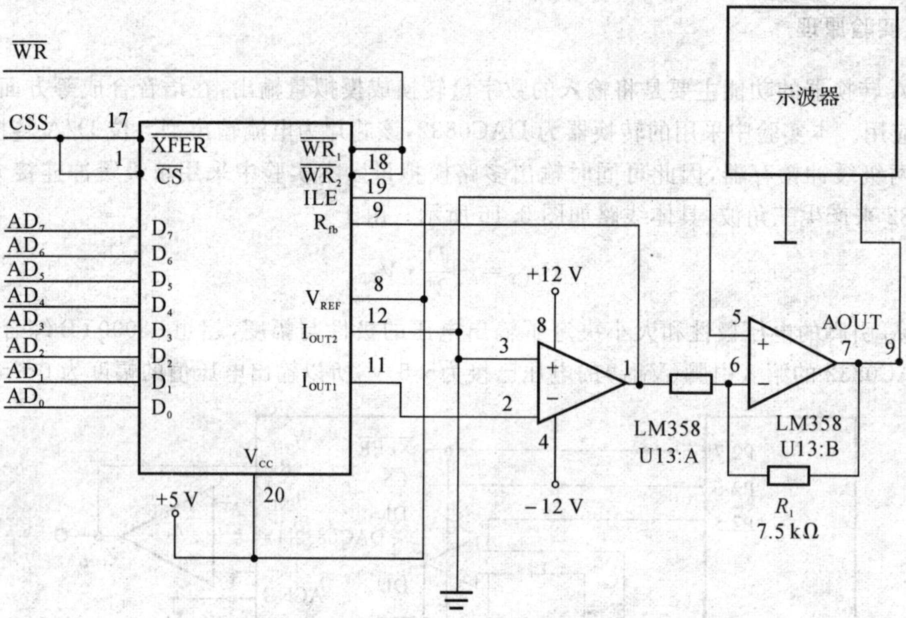

图 3.17　D/A 转换实验线路

实验十一　步进电机控制

一、实验目的

了解步进电机工作原理，掌握用单片机的步进电机控制系统的硬件设计方法，熟悉步进电机驱动程序的设计与调试，提高单片机应用系统设计和调试水平。

二、实验器材

(1)超想-3000TB 综合实验仪	1 台
(2)超想 3000 仿真器	1 台
(3)计算机	1 台
(4)连线	若干根

三、实验内容

编写并调试出一个实验程序控制步进电机旋转。

四、实验原理

步进电机是工业过程控制及仪表中常用的控制元件之一，步进电机实际上是一个数字/角度转换器，当某一相绕组通电时，对应的磁极就产生磁场，并与转子形成磁路，如果这时定子的小齿和转子的小齿没有对齐，则在磁场的作用下，转子将转动一定的角度，使转子和定子的齿相互对齐。由此可见，错齿是促使步进电机旋转的原因。超想-3000TB 实验仪选用的是 20BY－0 型四相步进电机，其工作电压为 4.5 V，在双四拍运行方式时，其步距角为 180 ，相直流电阻为 55 Ω，最大静电流为 80 mA。采用 8051 单片机控制步进电机的运转，按四相四拍方式在 P1 口输出控制代码，令其正转或反转。因此 P1 口输出代码的变化周期 T 控制了电机的运转速度：n＝60 r/min。

五、实验步骤

(1)“总线插孔”区的 P1.0～P1.3 孔接步进电机的 BA～BD 孔，“发光二极管组”的 L0～L3 孔接步进电机 A、B、C、D 孔 。P1.7 孔连 L7。

(2)硬件诊断。

(3)编写程序、编译程序。用单步、全速断点、连续方式调试程序，观察数码管上数字变化，检查程序运行结果，观察步进电机的转动状态，连续运行时用示波器测试 P1 口的输出波形，排除软件错误，直至达到本实验的设计要求。

六、思考题

若将步进电机 A、B、C、D 相分别接到 P1.4～P1.7 口，软件功能与本实验要求一致，需要如何修改程序？

实验十二　力测量

一、实验目的

了解力—电信号转换的基本工作原理，掌握 ADC0809 的使用方法，提高数据处理程序的设计和调试能力。

二、实验器材

(1)超想- 3000TB 综合实验仪	1 台
(2)超想 3000 仿真器	1 台
(3)计算机	1 台
(4)连线	若干根

三、实验内容

编写并调试出一个实训程序，其功能将一力施加于压力传感器金属弹性元件表面，超想-3000TB 综合实验仪上数码管显示力的数据，并随力的大小而变化。

四、实验原理

将金属丝电阻应变片黏附在弹簧片的表面，弹簧片在力的作用下发生形变，而电阻应变片也随着弹簧片一起变形，这将导致电阻应变片电阻的变化。弹簧片受的力越大，形变也越大，电阻应变片电阻的变化也越大，测量出电阻应变片电阻的变化，就可以计算出弹簧片受力的大小。

五、实验步骤

(1)设定工作模式为程序空间在仿真器上,数据空间在用户板上。

(2)“译码器”的 YC2 孔连数模转换 ADC0809 的 CS4 孔,“脉冲源”的 0.5 MHz 孔连 ADC0809 的 CLOCK 孔,IN_0 孔(ADC0809 的 0 通道)连 AN_0 孔(压力传感器的输出孔)。

(3)硬件调试:在弹性元件表面施加一力。

第四章　综合实训

实训一　电子琴

一、实训目的

(1)了解发出不同音调声音的编程方法。
(2)进一步掌握键盘扫描和编程的方法。

二、实训要求

利用实验仪上提供的键盘,使数字键 1、2、3、4、5、6、7 作为电子琴按键,按下即发出相应的音调。用 P3.0 口发出音频脉冲,驱动喇叭。

三、完成工作

(1)设计部分:完成硬件电路设计;软件设计。
(2)图纸部分:硬件电路原理图;软件流程图。
(3)说明部分:功能说明;设计过程及调试说明;源程序清单;元器件清单;体会。

实训二　芯片检测仪设计

一、实训目的

(1)掌握 MCS-51 单片机应用系统的硬件设计、软件设计方法。
(2)熟悉软件与硬件的调试技术。

二、实训要求

(1)利用 MCS-51 单片机及可编程芯片 8155 扩展 I/O 口。设计一数字逻辑芯片检测仪。
(2)可测量芯片 74LS00,74LS02,74LS04 等数字逻辑芯片的好坏。
(3)由 LED 显示芯片好或坏的相关信息。

三、完成工作

(1)设计部分:完成硬件电路设计;软件设计。
(2)图纸部分:硬件电路原理图;软件流程图。
(3)说明部分:功能说明;设计过程及调试说明;源程序清单;元器件清单;体会。

实训三　智能交通灯控制

一、实训目的

(1)掌握智能交通灯的设计方法。
(2)了解软件与硬件的调试技术。

二、实训要求

(1)利用 MCS－51 单片机的并行 I/O 口和串行口模拟十字交通灯的状态。
(2)两位 LED 倒计时牌显示(显示时间自定)。
(3)紧急情况处理。

三、完成工作

(1)设计部分：完成硬件电路设计；软件设计。
(2)图纸部分：硬件电路原理图；软件流程图。
(3)说明部分：功能说明；设计过程及调试说明；源程序清单；元器件清单；体会。

实训四　工业顺序控制

一、实训目的

(1)掌握工业顺序控制程序的简单编程。
(2)掌握外中断的应用。

二、实训要求

由 8051 的 P1.0～P1.6 控制注塑机 7 道工序，现模拟控制 7 只发光二极管的点亮，高电平点亮。设定每道工序时间转换为延时，P3.4 为开工启动开关，高电平启动。P3.3 为外部故障输入模拟开关，低电平报警，P1.7 为报警声音输出。设定 7 道工序只有一位输出。

三、完成工作

(1)设计部分：完成硬件电路设计；软件设计。
(2)图纸部分：硬件电路原理图；软件流程图。
(3)说明部分：功能说明；设计过程及调试说明；源程序清单；元器件清单；体会。

实训五　扩展时钟系统

二、实训目的

(1)掌握 MSC－51 单片机扩展时钟电路的设计方法。
(2)熟悉 DS12887 的工作原理。

二、实训要求

编程实现下列功能：

程序第一次运行后，初始化时间显示为 00：00：00，即 6 位数码管显示为 00.00.00。

通过键盘[MON]设定小时为 07，通过键盘[LAST]设定分钟为 08，通过键盘[NEXT]设定秒为 09，2 min 后即在 7.10.09 时关掉电源，等待 2 min 后再打开电源，这时时间应为 7.12.09，即停电后 DS12887 中的时钟不会停止运行。

三、完成工作

(1)设计部分：完成硬件电路设计；软件设计。
(2)图纸部分：硬件电路原理图；软件流程图。
(3)说明部分：功能说明；设计过程及调试说明；源程序清单；元器件清单；体会。

实训六　V/F 压频转换

一、实训目的

(1)了解 LM331 电压转换为频率的基本工作原理。
(2)熟悉 8051 内部定时/计数器的使用方法。

二、实训要求

把电压转换成脉冲，用计数器进行测频并在超想－3000TB 综合实验仪上的数码管上显示出来，实现频率计功能。

三、完成工作

(1)设计部分：完成硬件电路设计；软件设计。
(2)图纸部分：硬件电路原理图；软件流程图。
(3)说明部分：功能说明；设计过程及调试说明；源程序清单；元器件清单；体会。

实训七 温度测量

一、实训目的

了解热敏电阻测温基本工作原理及小信号放大器工作原理和零点，以及增益的调整方法。

二、实训要求

使用电桥将热敏电阻阻值变化转换为电压信号放大以后经 A/D 转换为数字量由 CPU 处理，在 LED 上显示出来。

三、完成工作

(1)设计部分：完成硬件电路设计；软件设计。
(2)图纸部分：硬件电路原理图；软件流程图。
(3)说明部分：功能说明；设计过程及调试说明；源程序清单；元器件清单；体会。

实训八 直流电机转速测量与控制

一、实训目的

(1)了解霍尔器件工作原理及转速测量与控制的基本原理、基本方法。
(2)掌握 DAC0832 电路的接口技术和应用方法，提高实时控制系统的设计和调试能力。

二、实训要求

设计并调试一个程序，其功能为测量电机的转速，并在超想-3000TB 综合实训仪显示器上显示出来，采用比例调节器方法，使电机转速稳定在某一设定值。此设定值可由超想-3000TB 综合实训仪上的键盘输入，用 PID 调节使转速恒定在 25 r/min。

注意：本实训电机转速范围一般应为 35～50 r/min。

三、完成工作

(1)设计部分：完成硬件电路设计；软件设计。
(2)图纸部分：硬件电路原理图；软件流程图。
(3)说明部分：功能说明；设计过程及调试说明；源程序清单；元器件清单；体会。

实训九 点阵式 LCD 液晶显示屏

一、实训目的

(1)学习获取字模的方法。

(2)学习 122X32A 液晶 LCD 的原理及编程方法。

二、实训要求

在 LCD 上显示“西安航专单片机实验室”字样。使其上、下、左、右移动。

三、完成工作

(1)设计部分:完成硬件电路设计;软件设计。
(2)图纸部分:硬件电路原理图;软件流程图。
(3)说明部分:功能说明;设计过程及调试说明;源程序清单;元器件清单;体会。

实训十　波形发生器

一、实训目的

掌握单片机与 D/A 转换器接口应用。

二、实训要求

(1)利用 MCS－51 单片机扩展 D/A 转换器 DAC0832 设计一多功能信号发生器。
(2)产生方波、锯齿波、三角波、正弦波。
(3)幅度、频率可调(选做)。

三、完成工作

(1)设计部分:完成硬件电路设计;软件设计。
(2)图纸部分:硬件电路原理图;软件流程图。
(3)说明部分:功能说明;设计过程及调试说明;源程序清单;元器件清单;体会。

实训十一　数字电压表

一、实训目的

掌握单片机和 A/D 转换器的接口应用。

二、实训要求

(1)利用 MCS－51 单片机扩展 A/D 转换器 ADC0809 设计一数字电压表。
(2)三位 LED 显示。

三、完成工作

(1)设计部分:完成硬件电路设计;软件设计。
(2)图纸部分:硬件电路原理图;软件流程图。

(3)说明部分:功能说明;设计过程及调试说明;源程序清单;元器件清单;体会。

实训十二　红外线遥控

一、实训目的

(1)了解红外遥控电路的原理及机器码方法。
(2)了解远程控制的一般原理和方法。
(3)学习如何编写红外发射和接收程序。
(4)了解单片机控制外部设备的常用电路。

二、实训要求

利用超想-3000TB综合实验仪上的红外线接收、发送器件,编写程序发送和接收红外信号,实现近距离的无线通信。

三、完成工作

(1)设计部分:完成硬件电路设计;软件设计。
(2)图纸部分:硬件电路原理图;软件流程图。
(3)说明部分:功能说明;设计过程及调试说明;源程序清单;元器件清单;体会。

实训十三　AT89C2051控制步进电机

一、实训目的

(1)学习使用AT89C2051进行简单控制。
(2)学习程序目标代码固化和脱机运行方法。

二、实训要求

利用AT89C2051定时器T0定时,以控制步进电机正、反运行。

三、完成工作

(1)设计部分:完成硬件电路设计;软件设计。
(2)图纸部分:硬件电路原理图;软件流程图。
(3)说明部分:功能说明;设计过程及调试说明;源程序清单;元器件清单;体会。

第五章　应用举例

本章给出两个 MCS－51 单片机综合应用实例，通过实例的设计，帮助学生加深对单片机系统设计的理解，同时掌握利用单片机进行综合系统设计的基本方法。

实例一　简易电阻、电容、电感测量仪的设计

一、设计要求

本实例要求设计并制作一台带有数字显示的电阻、电容、电感参数测试仪。具体技术要求如下：

(1)测量范围：电阻 100 Ω～1 MΩ；电容 100～1 000 pF；电感 100 μH～10 mH。

(2)测量精度±5%。

(3)制作 4 位数码管显示组显示测量数值，用发光二极管分别指示此被测元件的类型和单位。

本测试仪以 8 位单片机 AT89S52 为核心，通过振荡器把电阻、电容、电感三个参量转换成单片机较容易测量的频率参量，再由单片机计算得出电阻、电容、电感的数值，通过 4 位数码管显示出来。同时系统通过采样比较，还增加了量程自动转换功能。

二、方案比较

1. 电阻 R 的测量

(1)根据 R 的定义式来测量。测量电路如图 5.1 所示，分别用电流表和电压表测出通过电阻的电流和电阻两端的电压，根据公式 $R=U/I$ 求得电阻，这种测量方法要同时测出两个模拟量，不易实现自动化 。

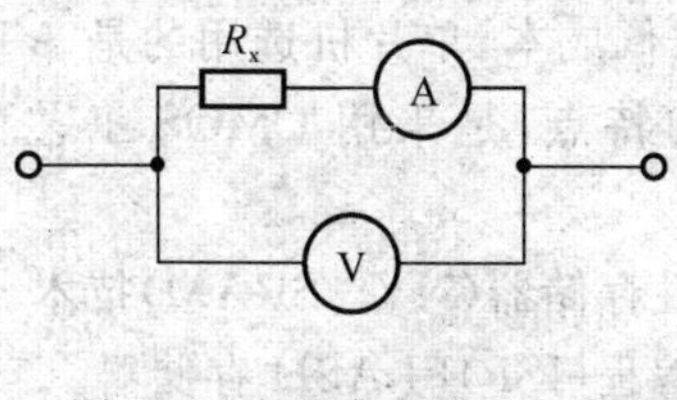

图 5.1　电阻定义测量电阻

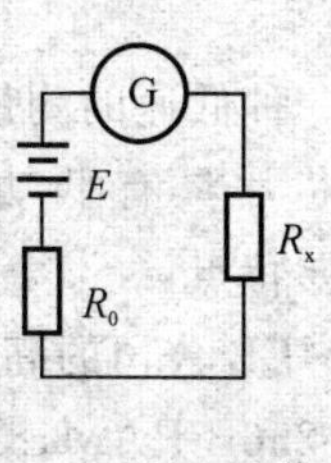

图 5.2　万用表测量电阻

(2)用万用表测量。将万用表设为电阻挡，此时指针万用表是把被测电阻与表针电阻及电池串联，其等效电路如图 5.2 所示。由于被测电阻与电流一一对应，因此就可以读出被测电阻的阻值，这种测量方法的精度变化大，若要较高的精度，必须设置较多的量程，电路较复杂。

2. 同时测量电阻、电容、电感

(1)最典型的方法就是电桥法,如图 5.3 所示,电阻可以用直流电桥测量,电容 C,电感 L 可以用交流电桥测量。电桥平衡的条件为

$$Z_1 \cdot Z_n \cdot e^j \cdot (\varphi_1 + \varphi_n) = Z_2 \cdot Z_x \cdot e^j \cdot (\varphi_2 + \varphi_x)$$

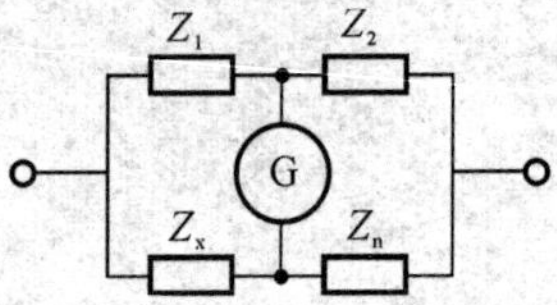

图 5.3　电桥法

通过调节阻抗 Z_1、Z_2 使电桥平衡,这时电表读数为零。根据平衡条件及一些已知的电路参数就可以求出被测参数。用这种测量方法,参数的值还要通过联立方程求解,调节电阻值一般只能手动,电桥平衡条件判别亦难以用简单的电路实现。这样,电桥法不易实现自动测量。

(2)用 Q 表来测量 L、C 的值。如图 5.4 所示,它是利用谐振法在工作频率上进行测量,使测量的条件更接近使用情况。但是这种测量方法要求频率连续可调,直至谐振。因此它对谐振器的要求较高。另外,和电桥法一样,调节和平衡判别很难实现智能化。

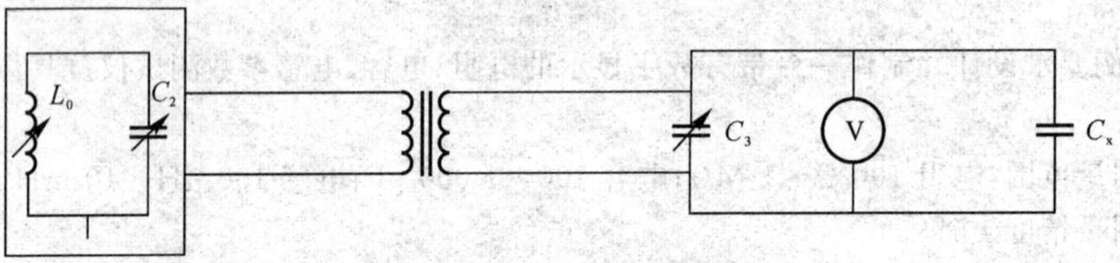

图 5.4　谐振法测量电路图

3. 阻抗法测 R、L、C

用恒流源供电,测元件的电流。由于很难实现理想的恒流源和恒压源,所以它们适用的测量范围都很窄。

4. 其他思路

很多仪器仪表都是把较难测量的物理量转化成精度较高且较容易测量的物理量。基于此思路,把电子元件的 R、L、C 转换成频率信号 f,然后用单片机计数后再计算求出 R、L、C 的值,并输出显示,分别通过 RC 振荡和 LC 三点式振荡。频率是单片机很容易处理的数字量,实现起来较为简单和容易实现自动化。

三、具体设计方案

RLC 测试仪是一种低速的测量仪器,为了减低成本,单片机选用的是 ATMEL 公司新推出的 AT89S52。该芯片具有低功耗、高性能的特点,是采用 CMOS 工艺的 8 位单片机。AT89S52 有以下主要特点:

(1)采用了 ATMEL 公司的高密度、非易失性存储器(NV-SRAM)技术。

(2)其片内具有 256B RAM,8KB 的可在线编程(ISP)FLASH 存储器。

(3)有两种低功耗节电工作方式:空闲模式和掉电模式。

(4)片内含有一个看门狗定时器(WDT)。WDT 包含一个 14 位计数器和看门狗定时器复位寄存器(WDTRST)。只要对 WDTRST 按顺序先写入 01EH,后写入 0E1H,WDT 便启动。当 CPU 由于扰动而使程序陷入死循环或“跑飞”状态时,WDT 即可有效地使系统复位,提高了系统的抗干扰性能。

1. 系统结构

系统结构如图 5.5 所示。

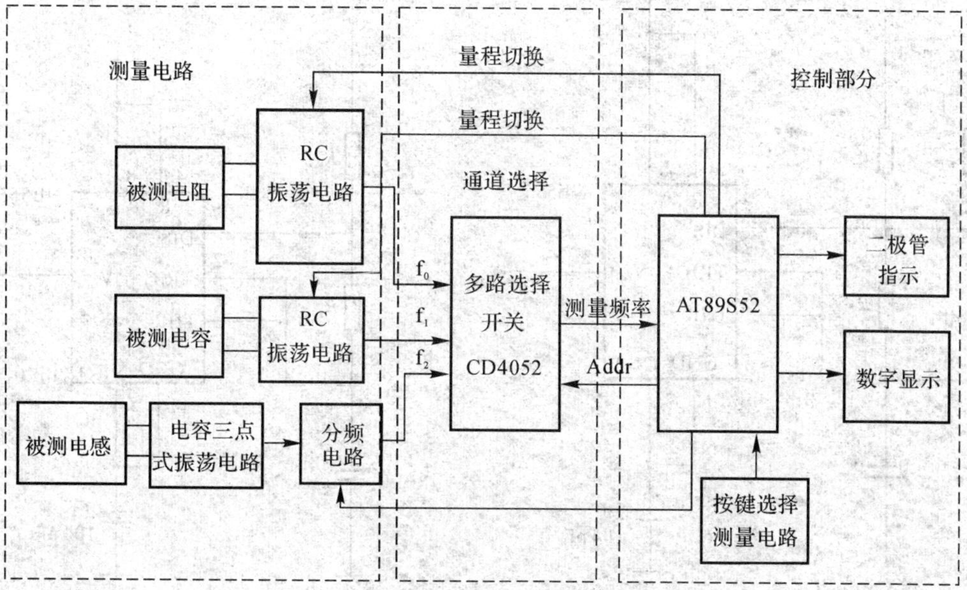

图 5.5　系统结构图

2. 系统工作原理

单片机根据所选通道，向模拟开关送两位地址信号，取得振荡频率，然后根据所测频率判断是否需要量程转换，若需要转换，则转换至相应的量程，然后把数据进行处理以后，送数码管显示相应的参数值。

四、理论分析和计算

1. 测 R_x 的 RC 振荡电路

555 定时器是一种将模拟功能与逻辑功能巧妙地结合在一起的中规模集成电路。电路功能灵活，应用范围广，只要外接少量元件，就可以构成多谐振荡器、单稳态触发器或施密特触发器等电路，因而在定时、检测、控制、报警等方面都有广泛的应用。555 定时器内部含有一个基本 RS 触发器、两个电压比较器和一个放电晶体管，由 3 个 5 kΩ 的电阻组成的分压器和一个输出缓冲器。

图 5.6 表示一个由 555 电路构成的多谐振荡电路。它的振荡周期为

$$T=t_1+t_2=(\ln 2)(R_1+R_x)C_1+(\ln 2)R_xC_1$$

得出

$$f=\frac{1}{(\ln 2)(R_1+2R_x)C_1}$$

即

$$R_x=\left(\frac{1}{f(\ln 2)C_1}-R_1\right)\Big/2$$

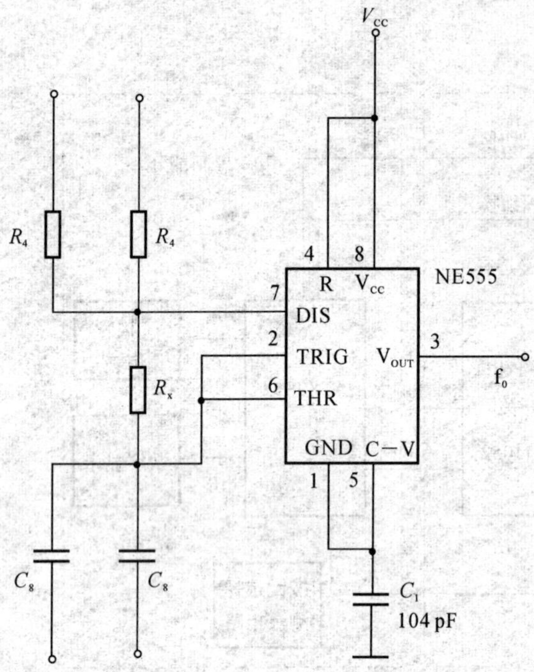

图 5.6　R 测试电路

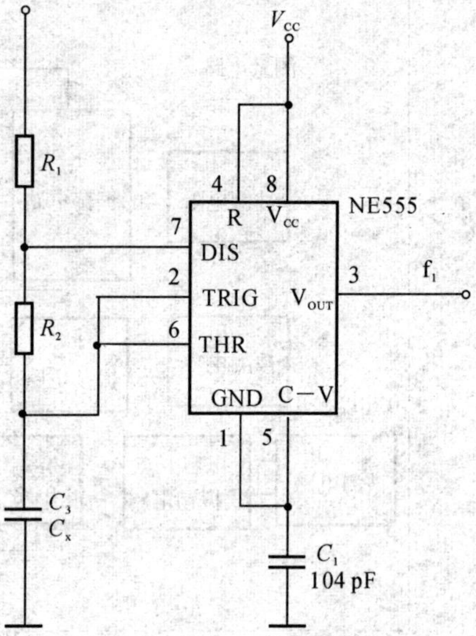

图 5.7　C 测试电路

为使振荡频率保持在单片机计数的高精度范围 10 ～ 100 kHz 内，需选择合适的 C_8 值和 R_4 值。同时不使电阻的功耗太大，所以采用下述步骤：

第一个量程：$100\ \Omega \leqslant R_x < 10\ k\Omega$。

选择 $R_4 = 200\ \Omega, C_8 = 0.22\ \mu F$，则对于

$$f = \frac{1}{(\ln 2) C_8 (R_4 + 2R_x)}$$

当 $R_x = 100\ \Omega$ 时，$f = 16.4$ kHz；

当 $R_x = 10\ k\Omega$ 时，$f = 324$ Hz。

第二个量程：$10\ k\Omega \leqslant R_x < 1\ M\Omega$。

选择 $R_4 = 20\ k\Omega, C_8 = 1\,000$ pF，则对于

$$f = \frac{1}{(\ln 2) C_8 (R_4 + 2R_x)}$$

当 $R_x = 10\ k\Omega$ 时，$f = 36.08$ kHz；

当 $R_x = 1\ M\Omega$ 时，$f = 714$ Hz。

因为 RC 震荡的稳定度可达 10^{-3}，单片机测量频率最多误差一个脉冲，所以由单片机测量频率值引起的误差在 1% 以下。

量程自动转换原理：单片机在第一个频率记录中发现频率过小，即通过继电器改变 R_4 和 C_8 的值，再测频率，求出 R_x 值，从而达到转换量程的目的。

2. 测量 C_x 的 RC 振荡电路

如图 5.7 所示，测量 C_x 的 RC 振荡电路与测 R_x 的振荡电路完全相同。若 $R_1 = R_2$，则

$$f = \frac{1}{3(\ln 2) R_1 C_x}$$

两个量程中的取值分别为

第一量程：100 pF $\leqslant C_x <$ 1 000 pF，选择 $R_1 = R_2 = 510\ \text{k}\Omega$；

第二量程：1 000 pF $\leqslant C_x <$ 10 000 pF，选择 $R_1 = R_2 = 10\ \text{k}\Omega$。

这样的取值使电容挡的测量范围很宽。

量程自动转换原理：单片机在第一个频率记录中发现频率过小，即通过继电器改变 R_1 和 R_2 的值，再测频率，求出 C_x 值，从而达到转换量程的目的。

3. 测 L_x 的电容三点式振荡电路

电感的测量是采用电容三点式振荡电路来实现的，如图 5.8 所示。三点式电路是指：LC 回路中与发射极相连的两个电抗元件必须是同性质的，另外一个电抗元件必须为异性质的。当与发射极相连的两个电抗元件同为电容时，该三点式电路称为电容三点式电路。由于

$$f = \frac{1}{2\pi\sqrt{L_x C}}$$

得到

$$L_x = \frac{C}{4\pi^2 f^2}$$

其中

$$C = \frac{C_1 C_2}{C_1 + C_2} = 0.05\ \mu\text{F}$$

对于 100 μH 的电感，$f = 71.21$ kHz；

对于 10 mH 的电感，$f = 7.121$ kHz。

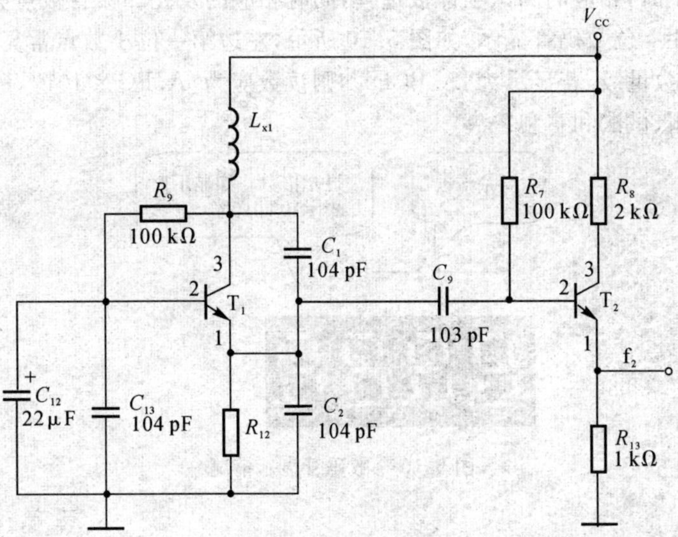

图 5.8　L 测试电路

由于频率很高，为了克服单片机的计数误差，所以在测电感这一挡时应该加入分频电路，此电路使用了一片 CD4017（十进制记数 / 分配器）作为 10 分频用。该器件是具有 10 个译码输出的 5 段约翰逊计数器，每个译码输出通常处于低电平，且在时钟脉冲由低到高的转换过程中依次进入高电平，每个输出在高电平维持 10 个时钟周期中的 1 个时钟周期，输出进入低电平后，进位输出由低到高，并能与时钟允许端连接成 N 级，典型工作频率为 30 MHz。

4. 多路开关选择电路

利用 CD4052 实现测量类别的转换，CD4052 是双四选一的模拟开关选择器件。选择了某一通道的频率后，输出频率作为 CPU 计数器的时钟源并开始计数，计数到 1 s 后读出计数器的值，这就得到了被测 R、C、L 所对应产生的频率，通过计算得到需测值，并显示。

5. 按键及数码管显示电路

按键和发光二极管分别表示不同类别的测量，如表 5.1 所示，接线图如图 5.9 所示。

表 5.1　各按键及二极管对应的测试项

按键	二极管	对应测试项
KEY1	L_1	测试 R
KEY2	L_2	测试 C
KEY3	L_3	测试 L

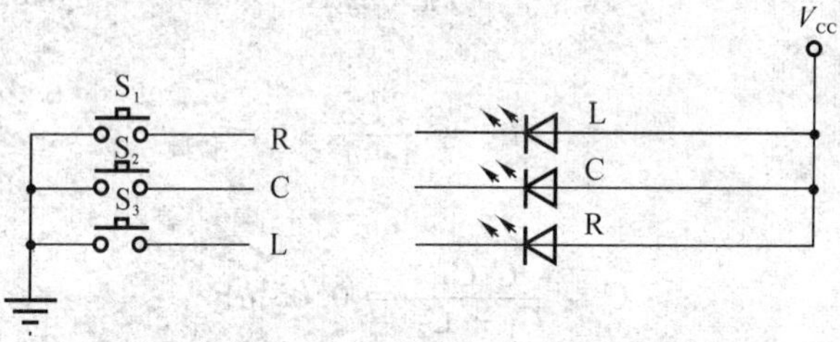

图 5.9　显示电路

当某按键按下时，相应的测试项即被选择，同时相应的发光二极管被点亮作为指示。

显示部分采用 4 位数码管显示，如图 5.10 所示，左边第一位小数点常亮，前三位代表有效数字，第四位代表数量级。若显示为“A. BCD”，则读数应为“A. BC × 10^D”，量纲根据被测类别的不同分别为欧姆、微法和亨利。

图 5.10　数码管显示情况

6. 系统软件设计

由电路原理可以看出，仪表的精度只与校准用的电阻、电容、电感的精度成比例，而与所用的电阻、电容、电感的标称值精度无关。例如 $L = 1/4\pi^2 f^2 C = K/f^2$，只需用标准电感 L 测出频率 f，就可求得常数 K，而无需知道 C 原来的精确值。

单片机每次计算出的频率值，先判断量程是否正确，然后通过浮点计算求出相应的参数值。浮点运算采用 24 位，3 个字节的长度，第 1 个字节最高位为符号，低 7 位为阶码，第 2 个字节为尾数的高字节，第 3 个字节为尾数的低字节。这种运算的精度优于 $1/10^4$，因此采用这种计算方法后误差达到最低限度。

软件流程图如图 5.11 所示。

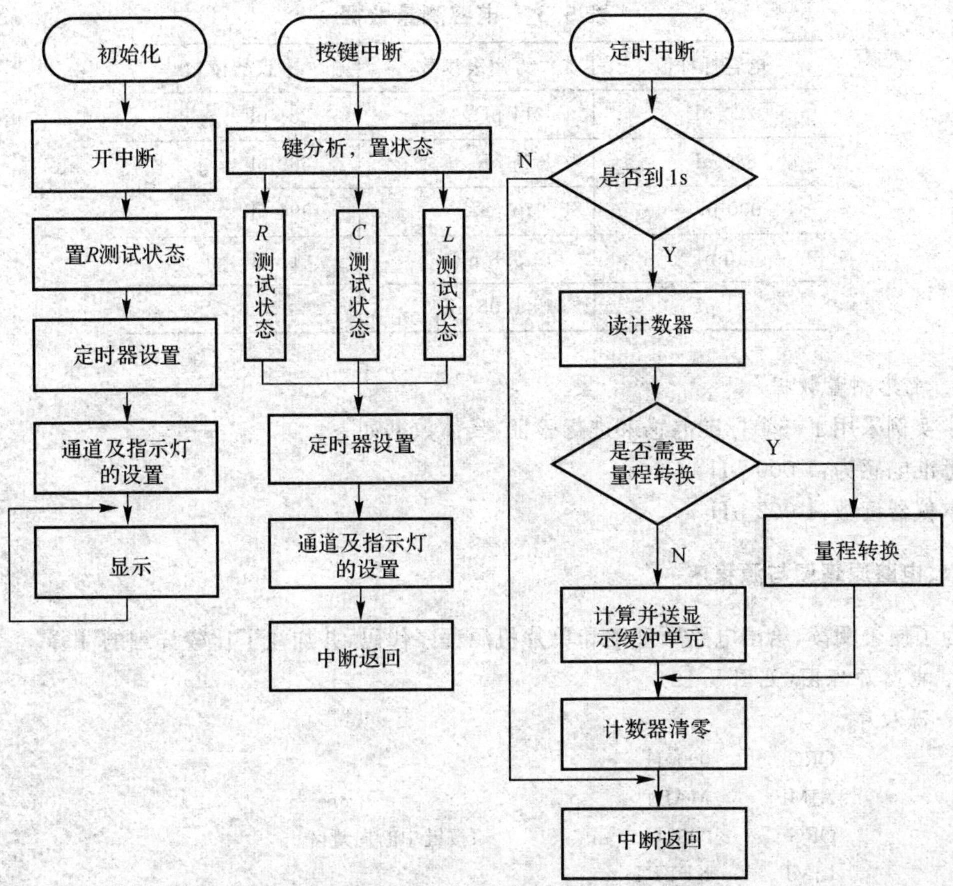

图 5.11　软件流程图

五、测试报告

1. 电阻测量数据

测量数据如表 5.2 所示。

表 5.2　电阻测量数据

电阻标称值	万用表读数	本仪器读数
100 Ω	101.9 Ω	102 Ω
6.2 kΩ	6.19 kΩ	6.43 kΩ
10 kΩ	9.89 kΩ	10.2 kΩ
370 kΩ	362 kΩ	360 kΩ
510 kΩ	513.7 kΩ	511 kΩ

2. 电容测量数据

测量数据如表 5.3 所示。

表 5.3　电容测量数据

电容标称值	万用表读数	本仪器读数
220 pF	214 pF	231 pF
680 pF	656 pF	669 pF
1 000 pF	970 pF	994 pF
10 nF	9.8 nF	11 nF
1 μF	1.05 μF	1.05 μF

3. 电感测量数据

本实例采用了一个标准电感来进行验证，具体数据如下：

标准电感为：1 000 μH。

本仪器读数：1 002 μH。

六、电路原理图与源程序

为了便于阅读，给出电路原理图和单片机源程序代码，并加注了比较详细的注释。

1. 电路原理图(见图 5.12)

2. 源程序

```
        ORG     0000H
        AJMP    MAIN
        ORG     0003H               ;按键中断向量区
        LJMP    KEYIN
        ORG     001BH               ;计数器中断向量区
        LJMP    TT1
        ORG     0030H
MAIN:                               ;主程序
        SETB    EA                  ;使能总中断
        SETB    ET1                 ;使能定时器 1 中断
        SETB    ET0                 ;使能计数器 0 中断
        SETB    PT0                 ;置计数器 0 为高优先级
        MOV     TMOD,#25H           ;计数器状态设定
        CLR     IT0                 ;外部中断为低电平触发
        MOV     SP,#60H             ;重置堆栈指针
        MOV     7FH,#00H            ;定义显示缓存区
        MOV     7EH,#00H
        MOV     7DH,#00H
        MOV     7CH,#00H
        MOV     P2,#0FFH
        SETB    EX0                 ;使能外部中断
```

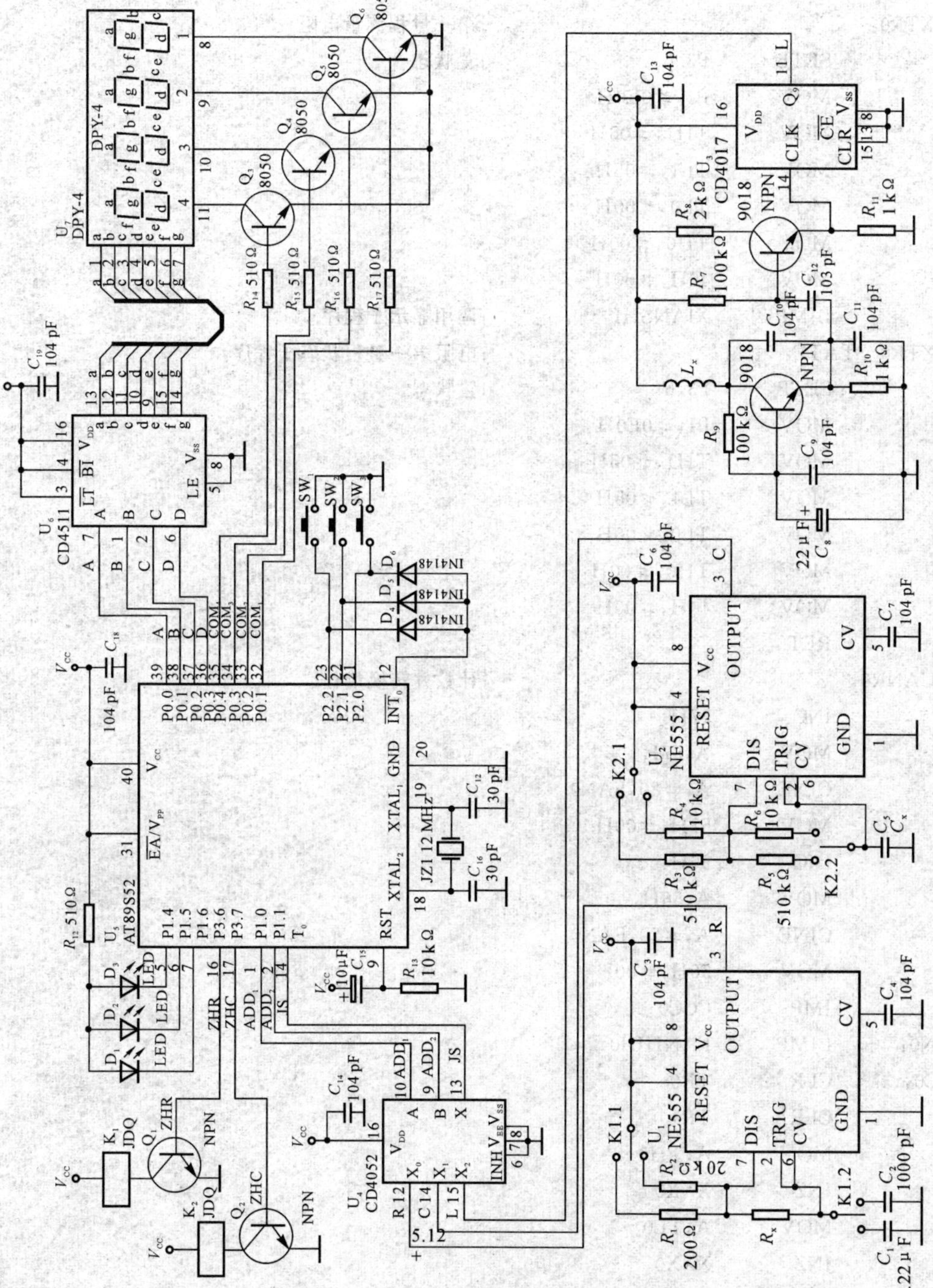
DPY-4
CD4511
AT89S52
CD4052
NE555
CD4017
8050
9018
IN4148
JZ1 12 MHz

图5.12　电路原理图

```
        SETB    TR1             ;启动 T1
        SETB    TR0             ;启动 T0
        LJMP    TEXTR0
TEXTR0:                         ;第一量程测量电阻
        SETB    P3.6            ;置状态
        MOV     P1,#0E0H
        MOV     TH1,#05H
        MOV     TL1,#05H
        MOV     TL0,#00H
        MOV     TH0,#00H
        MOV     40H,#00H
        LJMP    XIANSHI         ;调用显示子程序
TEXTR0_STATE:                   ;电阻第一量程状态子程序
        SETB    P3.6            ;置状态
        MOV     P1,#0E0H
        MOV     TH1,#05H
        MOV     TL1,#05H
        MOV     TL0,#00H
        MOV     TH0,#00H
        MOV     40H,#00H
        RET
JISUANR0:                       ;计数并转换量程
        INC     57H
        MOV     A,57H
        CJNE    A,#80,FAN0
        MOV     57H,#00H
        INC     56H
        MOV     A,56H
        CJNE    A,#50,FAN0
        MOV     56H,#00H
        JMP     CCC0
FAN0:   LJMP    FANHUI0
CCC0:   CLR     TR0
        CLR     TR1
        MOV     A,TH0
        JNZ     XXX0
        MOV     A,TL0
        JNZ     XXX0
        MOV     7CH,#0FH
        MOV     7DH,#0FH
        MOV     7EH,#0FH
        MOV     7FH,#01H
        LJMP    GOON0
```

```
XXX0:
        MOV     A,TH0
        CJNE    A,#01H,YYY0
        JMP     YUYU0
YYY0:   JNZ     BBB0
YUYU0:
        LCALL   TEXTR1_STATE
        LJMP    GOON0
BBB0:                                   ;根据计数值计算结果
        MOV     30H,#10H
        MOV     31H,TH0
        MOV     32H,TL0
        MOV     R0,#30H
        LCALL   FSDT
        MOV     33H,#07H
        MOV     34H,#37H
        MOV     35H,#60H
        MOV     R0,#33H
        LCALL   BTOF
        MOV     R1,#30H
        LCALL   FDIV
        MOV     30H,#03H
        MOV     31H,#14H
        MOV     32H,#62H
        MOV     R0,#30H
        LCALL   BTOF
        MOV     R0,#33H
        LCALL   FSUB
        LCALL   FTOB
        ANL     33H,#0FH
        MOV     A,33H
        JZ      AAA0
        DEC     33H
AAA0:
        MOV     7CH,33H
        MOV     A,34H
        ANL     A,#0F0H
        SWAP    A
        MOV     7FH,A
        MOV     A,34H
        ANL     A,#0FH
        MOV     7EH,A
        MOV     A,35H
```

```
            ANL     A,#0F0H
            SWAP    A
            MOV     7DH,A
GOON0:      MOV     TH1,#05H
            MOV     TL1,#05H
            MOV     TL0,#00H
            MOV     TH0,#00H
            SETB    TR0
            SETB    TR1
FANHUI0:    RET
TEXTR1:                                 ;第二量程测量电阻
            CLR     P3.6                ;置状态
            MOV     P1,#0E0H
            MOV     TH1,#05H
            MOV     TL1,#05H
            MOV     TL0,#00H
            MOV     TH0,#00H
            MOV     40H,#01H
            LJMP    XIANSHI             ;显示
TEXTR1_STATE:                           ;电阻第二量程状态子程序
            CLR     P3.6                ;置状态
            MOV     P1,#0E0H
            MOV     TH1,#05H
            MOV     TL1,#05H
            MOV     TL0,#00H
            MOV     TH0,#00H
            MOV     40H,#01H
            RET
JISUANR1:                               ;计数并转换量程
            MOV     A,TH0
            CJNE    A,#8CH,YUYU1
VVV1:       MOV     56H,#00H
            MOV     57H,#00H
            LCALL   TEXTR0_STATE
            JMP     GOON1
YUYU1:      JNC     VVV1
            INC     57H
            MOV     A,57H
            CJNE    A,#80,FAN1
            MOV     57H,#00H
            INC     56H
            MOV     A,56H
            CJNE    A,#50,FAN1
```

```
        MOV     56H,#00H
        JMP     CCC1
FAN1:   LJMP    FANHUI1
CCC1:   CLR     TR0
        CLR     TR1
YYY1:   MOV     A,TH0
        JNZ     XXX1
        MOV     A,TL0
        JNZ     XXX1
        MOV     7CH,#0FH
        MOV     7DH,#0FH
        MOV     7EH,#0FH
        MOV     7FH,#01H
        LCALL   TEXTR0_STATE
        LJMP    GOON1
XXX1:   MOV     30H,#10H          ;计数并转换量程
        MOV     31H,TH0
        MOV     32H,TL0
        MOV     R0,#30H
        LCALL   FSDT
        MOV     33H,#09H
        MOV     34H,#78H
        MOV     35H,#16H
        MOV     R0,#33H
        LCALL   BTOF
        MOV     R1,#30H
        LCALL   FDIV
        MOV     30H,#05H
        MOV     31H,#13H
        MOV     32H,#01H
        MOV     R0,#30H
        LCALL   BTOF
        MOV     R0,#33H
        LCALL   FSUB
        LCALL   FTOB
        ANL     33H,#0FH
        MOV     A,33H
        JZ      AAA1
        DEC     33H
AAA1:
        MOV     7CH,33H
        MOV     A,34H
        ANL     A,#0F0H
```

```
            SWAP    A
            MOV     7FH,A
            MOV     A,34H
            ANL     A,#0FH
            MOV     7EH,A
            MOV     A,35H
            ANL     A,#0F0H
            SWAP    A
            MOV     7DH,A
GOON1:      MOV     TH1,#05H
            MOV     TL1,#05H
            MOV     TL0,#00H
            MOV     TH0,#00H
            SETB    TR0
            SETB    TR1
FANHUI1:    RET
TEXTC2:                                 ;电容第一量程子程序
            SETB    P3.7                ;置状态
            MOV     P1,#0D1H
            MOV     TH1,#05H
            MOV     TL1,#05H
            MOV     TL0,#00H
            MOV     TH0,#00H
            MOV     40H,#02H
            LJMP    XIANSHI
TEXTC2_STATE:                           ;电容第一量程状态子程序
            SETB    P3.7                ;置相应状态
            MOV     P1,#0D1H
            MOV     TH1,#05H
            MOV     TL1,#05H
            MOV     TL0,#00H
            MOV     TH0,#00H
            MOV     40H,#02H
            RET
JISUANC2:                               ;计数并转换量程
            MOV     A,TH0
            CJNE    A,#27H,YUYU2
VVV2:       MOV     56H,#00H
            MOV     57H,#00H
            JMP     UUU2
YUYU2:      JNC     VVV2
            INC     57H
            MOV     A,57H
```

```
          CJNE    A,#80,FAN2
          MOV     57H,#00H
          INC     56H
          MOV     A,56H
          CJNE    A,#50,FAN2
          MOV     56H,#00H
          JMP     CCC2
FAN2:     LJMP    FANHUI2
CCC2:     CLR     TR0
          CLR     TR1
          MOV     A,TH0
          JNZ     XXX2
          MOV     A,TL0
          JNZ     XXX2
UUU2:     MOV     7CH,#00H
          MOV     7DH,#00H
          MOV     7EH,#00H
          MOV     7FH,#00H
          LJMP    GOON2
XXX2:
          MOV     A,TH0
          CJNE    A,#02H,PPP2_0
          JMP     OOO2_0
PPP2_0:   CJNE    A,#01H,PPP2_1
          JMP     OOO2_0
PPP2_1:   CJNE    A,#00H,BBB2
OOO2_0:   LCALL   TEXTC3_STATE
BBB2:                                   ;计算结果
          MOV     30H,#10H
          MOV     31H,TH0
          MOV     32H,TL0
          MOV     R0,#30H
          LCALL   FSDT
          MOV     33H,#06H
          MOV     34H,#92H
          MOV     35H,#54H
          MOV     R0,#33H
          LCALL   BTOF
          MOV     R1,#30H
          LCALL   FDIV
          LCALL   FTOB
          ANL     33H,#0FH
          MOV     A,33H
```

```
            JZ      AAA2
            DEC     33H
AAA2:
            MOV     7CH,33H
            MOV     A,34H
            ANL     A,#0F0H
            SWAP    A
            MOV     7FH,A
            MOV     A,34H
            ANL     A,#0FH
            MOV     7EH,A
            MOV     A,35H
            ANL     A,#0F0H
            SWAP    A
            MOV     7DH,A
GOON2:      MOV     TH1,#05H
            MOV     TL1,#05H
            MOV     TL0,#00H
            MOV     TH0,#00H
            SETB    TR0
            SETB    TR1
FANHUI2:    RET
TEXTC3_STATE:                             ;电容第二量程状态子程序
            CLR     P3.7                  ;置状态
            MOV     P1,#0D1H
            MOV     TH1,#05H
            MOV     TL1,#05H
            MOV     TL0,#00H
            MOV     TH0,#00H
            MOV     40H,#03H
            RET
JISUANC3:                                 ;电容第二量程子程序
            MOV     A,TH0                 ;置状态
            CJNE    A,#0BCH,YUYU3         ;计数并转换量程
VVV3:       MOV     56H,#00H
            MOV     57H,#00H
            LCALL   TEXTC2_STATE
            JMP     GOON3
YUYU3:      JNC     VVV3
            INC     57H
            MOV     A,57H
            CJNE    A,#80,FAN3
            MOV     57H,#00H
```

```
        INC     56H
        MOV     A,56H
        CJNE    A,#50,FAN3
        MOV     56H,#00H
        JMP     CCC3
FAN3:   LJMP    FANHUI3
CCC3:   CLR     TR0
        CLR     TR1
        MOV     A,TH0
        JNZ     XXX3
        MOV     A,TL0
        JNZ     XXX3
        MOV     7CH,#00H
        MOV     7DH,#00H
        MOV     7EH,#00H
        MOV     7FH,#00H
        LCALL   TEXTC2_STATE
        LJMP    GOON3
XXX3:                                   ;计算结果
        MOV     30H,#10H
        MOV     31H,TH0
        MOV     32H,TL0
        MOV     R0,#30H
        LCALL   FSDT
        MOV     33H,#78H
        MOV     34H,#20H
        MOV     35H,#79H
        MOV     R0,#33H
        LCALL   BTOF
        MOV     R0,#30H
        MOV     R1,#33H
        LCALL   FMUL
        MOV     33H,#01H
        MOV     34H,#10H
        MOV     35H,#00H
        MOV     R0,#33H
        LCALL   BTOF
        MOV     R1,#30H
        LCALL   FDIV
        LCALL   FTOB
        ANL     33H,#0FH
        MOV     A,33H
        JZ      AAA3
```

```
          DEC     33H
AAA3:
          MOV     7CH,33H
          MOV     A,34H
          ANL     A,#0F0H
          SWAP    A
          MOV     7FH,A
          MOV     A,34H
          ANL     A,#0FH
          MOV     7EH,A
          MOV     A,35H
          ANL     A,#0F0H
          SWAP    A
          MOV     7DH,A
GOON3:    MOV     TH1,#05H
          MOV     TL1,#05H
          MOV     TL0,#00H
          MOV     TH0,#00H
          SETB    TR0
          SETB    TR1
FANHUI3:  RET
TEXTL4_STATE:                        ;电感测量状态子程序
          MOV     P1,#0B2H           ;电感测量子程序
          MOV     TH1,#05H
          MOV     TL1,#05H
          MOV     TL0,#00H
          MOV     TH0,#00H
          MOV     40H,#04H
          RET
JISUANL4:                            ;计数
          INC     57H
          MOV     A,57H
          CJNE    A,#80,FAN4
          MOV     57H,#00H
          INC     56H
          MOV     A,56H
          CJNE    A,#50,FAN4
          MOV     56H,#00H
          JMP     CCC4
FAN4:     LJMP    FANHUI4
CCC4:     CLR     TR0
          CLR     TR1
          MOV     A,TH0
```

```
        JNZ     XXX4
        MOV     A,TL0
        JNZ     XXX4
UUU4:   MOV     7CH,#00H
        MOV     7DH,#00H
        MOV     7EH,#00H
        MOV     7FH,#00H
        LJMP    GOON4
XXX4:                           ;计算结果
        MOV     30H,#10H
        MOV     31H,TH0
        MOV     32H,TL0
        MOV     R0,#30H
        LCALL   FSDT
        LCALL   FSQU
        MOV     33H,#0AH
        MOV     34H,#64H
        MOV     35H,#37H
        MOV     R0,#33H
        LCALL   BTOF
        MOV     R1,#30H
        LCALL   FDIV
        LCALL   FTOB
        ANL     33H,#0FH
        MOV     A,33H
        JZ      AAA4
        DEC     33H
AAA4:
        MOV     7CH,33H
        MOV     A,34H
        ANL     A,#0F0H
        SWAP    A
        MOV     7FH,A
        MOV     A,34H
        ANL     A,#0FH
        MOV     7EH,A
        MOV     A,35H
        ANL     A,#0F0H
        SWAP    A
        MOV     7DH,A
GOON4:  MOV     TH1,#05H
        MOV     TL1,#05H
        MOV     TL0,#00H
```

```
          MOV     TH0,#00H
          SETB    TR0
          SETB    TR1
FANHUI4:  RET
TT1:                               ;T1 中断服务子程序
          PUSH    ACC              ;保护断点
          PUSH    PSW
          MOV     A,40H
          CLR     C
          RLC     A
          RLC     A
          RLC     A
          MOV     DPTR,#TABJ1      ;根据当前状态进行转移
          JMP     @A+DPTR
TABJ1:
          LCALL   JISUANR0         ;电阻第一量程
          LJMP    FANHUI
          NOP
          NOP
          LCALL   JISUANR1         ;电阻第二量程
          LJMP    FANHUI
          NOP
          NOP
          LCALL   JISUANC2         ;电容第一量程
          LJMP    FANHUI
          NOP
          NOP
          LCALL   JISUANC3         ;电容第二量程
          LJMP    FANHUI
          NOP
          NOP
          LCALL   JISUANL4         ;电感测量
          NOP
          NOP
FANHUI:   POP     PSW              ;恢复现场
          POP     ACC
          RETI                     ;中断返回
XIANSHI:                           ;显示子程序
          LCALL   LEDSCAN          ;调用数码管扫描子程序
          LJMP    XIANSHI
;浮点运算子程序
; 1,FSDT    浮点数格式化              F[R0]->[R0]
; 2,FADD    浮点数加法                F[R0]+[R1]=[R0],OV
```

```
; 3,FSUB      浮点数减法                    F[R0]－[R1]＝[R0],OV
; 4,FMUL      浮点数乘法                    F[R0]×[R1]＝[R0],OV
; 5,FDIV      浮点数除法                    F[R0]/[R1]＝[R0],OV
; 6, FCLR     浮点数清零                    F[R0]＝0
; 7, FZER     浮点数判零                    A＝0－－F[R0]＝0
; 8, FMOV     浮点数传送                    F[R0]＝F[R1]
; 9, FPUS     浮点数压栈                    PUSH F[R0]
;10, FPOP     浮点数出栈                    POP F[R0]
;11, FCM      浮点数代数值比较              CY＝1－－[R0]＜[R1];CY＝0&&A＝0－－
                                            [R0]＝[R1];ELSE [R0]＞[R1]
;12, FABS     浮点数绝对值                  |F[R0]|＝[R0]
;13, FSGN     浮点数符号                    [R0] A＝1＞＋,A＝0FFH＞－,A＝0＞[R0]＝0
;14, FINT     浮点取整函数                  F[R0]
;15, FRCP     浮点倒数函数                  1/F[R0]＝R0,OV
;16, FSQU     浮点数平方                    F[R0]＊[R0]＝[R0],OV
;17, FSQR     浮点数开方                    /－－F[R0]＝[R0],OV
;18, FPLN     浮点数多项式                  F[R0]＝[R0],OV
;19, FLOG     以10为底对数函数              LgF[R0]＝[R0],OV
;20, FLN      以e为底对数函数               LnF[R0]＝[R0],OV
;21, FE10     以10为底指浮点数函数          10^[R0]＝[R0],OV
;22, FEXP     以e为底浮点指数函数           e^[R0]＝[R0],OV
;23, FE2      以2为底浮点指数函数           2^[R0]＝[R0],OV
;24, DTOF     双字节定点数转换成格式化浮点数 [R0],1FH,A－＞F[R0]
;25, FTOD     格式化浮点数转换成双字节定点数 F[R0]－＞[R0],1FH,A
;26, BTOF     浮点BCD码转格式化浮点数       BCDF[R0]＝F[R0]
;27, FTOB     格式化浮点数转浮点BCD码       F[R0]＝BCDF[R0]
;28, FCOS     浮点余弦函数                  COSF[R0]＝[R0]
;29, FSIN     浮点正弦函数                  SINF[R0]＝[R0]
;30, FATN     浮点正切函数                  ARCCTGF[R0]＝[R0]
;31, RTOD     浮点弧度数转浮点度数          HuF[R0]＝DuF[R0]
;32, DTOR     浮点度数转浮点弧度数          DuF[R0]＝HuF[R0]
;*******************************************************
;(1) 标号：FSDT 功能:浮点数格式化
;入口条件:待格式化浮点操作数在[R0]中
;出口信息:已格式化浮点操作数仍在[R0]中
;影响资源:PSW、A、R2、R3、R4、位1FH 堆栈需求：6字节
FSDT:       LCALL       MVR0            ;将待格式化操作数传送到第一工作区中
            LCALL       RLN             ;通过左规完成格式化
            LJMP        MOV0            ;将已格式化浮点操作数传回到[R0]中

;*******************************************************
;(2) 标号：FADD 功能:浮点数加法
;入口条件:被加数在[R0]中,加数在[R1]中
```

```
;出口信息:OV=0 时,和仍在[R0]中,OV=1 时,溢出
;影响资源:PSW、A、B、R2~R7、位 1EH、1FH 堆栈需求: 6 字节
FADD:   CLR     F0              ;设立加法标志
        SJMP    AS              ;计算代数和

;***************************************************************
;(3) 标号: FSUB 功能:浮点数减法
;入口条件:被减数在[R0]中,减数在[R1]中
;出口信息:OV=0 时,差仍在[R0]中,OV=1 时,溢出
;影响资源:PSW、A、B、R2~R7、位 1EH、1FH 堆栈需求:6 字节
FSUB:   SETB    F0              ;设立减法标志
AS:     LCALL   MVR1            ;计算代数和。先将[R1]传送到第二工作区
        MOV     C,F0            ;用加减标志来校正第二操作数的有效符号
        RRC     A
        XRL     A,@R1
        MOV     C,ACC.7
ASN:    MOV     1EH,C           ;将第二操作数的有效符号存入位 1EH 中
        XRL     A,@R0           ;与第一操作数的符号比较
        RLC     A
        MOV     F0,C            ;保存比较结果
        LCALL   MVR0            ;将[R0]传送到第一工作区中
        LCALL   AS1             ;在工作寄存器中完成代数运算
MOV0:   INC     R0              ;将结果传回到[R0]中的子程序入口
        INC     R0
        MOV     A,R4            ;传回尾数的低字节
        MOV     @R0,A
        DEC     R0
        MOV     A,R3            ;传回尾数的高字节
        MOV     @R0,A
        DEC     R0
        MOV     A,R2            ;取结果的阶码
        MOV     C,1FH           ;取结果的数符
        MOV     ACC.7,C         ;拼入阶码中
        MOV     @R0,A
        CLR     ACC.7           ;不考虑数符
        CLR     OV              ;清除溢出标志
        CJNE    A,#3FH,MVO1     ;阶码是否上溢?
        SETB    OV              ;设立溢出标志
MVO1:   MOV     A,@R0           ;取出带数符的阶码
        RET
MVR0:   MOV     A,@R0           ;将[R0]传送到第一工作区中的子程序
        MOV     C,ACC.7         ;将数符保存在位 1FH 中
        MOV     1FH,C
```

```
        MOV     C,ACC.6         ;将阶码扩充为 8bit 补码
        MOV     ACC.7,C
        MOV     R2,A            ;存放在 R2 中
        INC     R0
        MOV     A,@R0           ;将尾数高字节存放在 R3 中
        MOV     R3,A
        INC     R0
        MOV     A,@R0           ;将尾数低字节存放在 R4 中
        MOV     R4,A
        DEC     R0              ;恢复数据指针
        DEC     R0
        RET
MVR1:   MOV     A,@R1           ;将[R1]传送到第二工作区中的子程序
        MOV     C,ACC.7         ;将数符保存在位 1EH 中
        MOV     1EH,C
        MOV     C,ACC.6         ;将阶码扩充为 8bit 补码
        MOV     ACC.7,C
        MOV     R5,A            ;存放在 R5 中
        INC     R1
        MOV     A,@R1           ;将尾数高字节存放在 R6 中
        MOV     R6,A
        INC     R1
        MOV     A,@R1           ;将尾数低字节存放在 R7 中
        MOV     R7,A
        DEC     R1              ;恢复数据指针
        DEC     R1
        RET
AS1:    MOV     A,R6            ;读取第二操作数尾数高字节
        ORL     A,R7
        JZ      AS2             ;第二操作数为零,不必运算
        MOV     A,R3            ;读取第一操作数尾数高字节
        ORL     A,R4
        JNZ     EQ1
        MOV     A,R6            ;第一操作数为零,结果以第二操作数为准
        MOV     R3,A
        MOV     A,R7
        MOV     R4,A
        MOV     A,R5
        MOV     R2,A
        MOV     C,1EH
        MOV     1FH,C
AS2:    RET
EQ1:    MOV     A,R2            ;对阶,比较两个操作数的阶码
```

```
        XRL     A,R5
        JZ      AS4             ;阶码相同,对阶结束
        JB      ACC.7,EQ3       ;阶符互异
        MOV     A,R2            ;阶符相同,比较大小
        CLR     C
        SUBB    A,R5
        JC      EQ4
EQ2:    CLR     C               ;第二操作数右规一次
        MOV     A,R6            ;尾数缩小一半
        RRC     A
        MOV     R6,A
        MOV     A,R7
        RRC     A
        MOV     R7,A
        INC     R5              ;阶码加一
        ORL     A,R6            ;尾数为零否?
        JNZ     EQ1             ;尾数不为零,继续对阶
        MOV     A,R2            ;尾数为零,提前结束对阶
        MOV     R5,A
        SJMP    AS4
EQ3:    MOV     A,R2            ;判断第一操作数阶符
        JNB     ACC.7,EQ2       ;如为正,右规第二操作数
EQ4:    CLR     C
        LCALL   RR1             ;第一操作数右规一次
        ORL     A,R3            ;尾数为零否?
        JNZ     EQ1             ;不为零,继续对阶
        MOV     A,R5            ;尾数为零,提前结束对阶
        MOV     R2,A
AS4:    JB      F0,AS5          ;尾数加减判断
        MOV     A,R4            ;尾数相加
        ADD     A,R7
        MOV     R4,A
        MOV     A,R3
        ADDC    A,R6
        MOV     R3,A
        JNC     AS2
        LJMP    RR1             ;有进位,右规一次
AS5:    CLR     C               ;比较绝对值大小
        MOV     A,R4
        SUBB    A,R7
        MOV     B,A
        MOV     A,R3
        SUBB    A,R6
```

```
        JC      AS6
        MOV     R4,B            ;第一尾数减第二尾数
        MOV     R3,A
        LJMP    RLN             ;结果规格化
AS6:    CPL     1FH             ;结果的符号与第一操作数相反
        CLR     C               ;结果的绝对值为第二尾数减第一尾数
        MOV     A,R7
        SUBB    A,R4
        MOV     R4,A
        MOV     A,R6
        SUBB    A,R3
        MOV     R3,A
RLN:    MOV     A,R3            ;浮点数规格化
        ORL     A,R4            ;尾数为零否?
        JNZ     RLN1
        MOV     R2,#0C1H        ;阶码取最小值
        RET
RLN1:   MOV     A,R3
        JB      ACC.7,RLN2      ;尾数最高位为1否?
        CLR     C               ;不为1,左规一次
        LCALL   RL1
        SJMP    RLN             ;继续判断
RLN2:   CLR     OV              ;规格化结束
        RET
RL1:    MOV     A,R4            ;第一操作数左规一次
        RLC     A               ;尾数扩大一倍
        MOV     R4,A
        MOV     A,R3
        RLC     A
        MOV     R3,A
        DEC     R2              ;阶码减1
        CJNE    R2,#0C0H,RL1E   ;阶码下溢否?
        CLR     A
        MOV     R3,A            ;阶码下溢,操作数以零计
        MOV     R4,A
        MOV     R2,#0C1H
RL1E:   CLR OV
        RET
RR1:    MOV     A,R3            ;第一操作数右规一次
        RRC     A               ;尾数缩小一半
        MOV     R3,A
        MOV     A,R4
        RRC     A
```

```
        MOV     R4,A
        INC     R2                  ;阶码加 1
        CLR     OV                  ;清溢出标志
        CJNE    R2,#40H,RR1E        ;阶码上溢否?
        MOV     R2,#3FH             ;阶码溢出
        SETB    OV
RR1E:   RET
;****************************************************
;(4) 标号:FMUL 功能:浮点数乘法
;入口条件:被乘数在[R0]中,乘数在[R1]中
;出口信息:OV=0 时,积仍在[R0]中,OV=1 时,溢出
;影响资源:PSW、A、B、R2～R7、位 1EH、1FH 堆栈需求:6 字节
FMUL:   LCALL   MVR0                ;将[R0]传送到第一工作区中
        MOV     A,@R0
        XRL     A,@R1               ;比较两个操作数的符号
        RLC     A
        MOV     1FH,C               ;保存积的符号
        LCALL   MUL0                ;计算积的绝对值
        LJMP    MOV0                ;将结果传回到[R0]中
MUL0:   LCALL   MVR1                ;将[R1]传送到第二工作区中
MUL1:   MOV     A,R3                ;第一尾数为零否?
        ORL     A,R4
        JZ      MUL6
        MOV     A,R6                ;第二尾数为零否?
        ORL     A,R7
        JZ      MUL5
        MOV     A,R7                ;计算 R3R4×R6R7→R3R4
        MOV     B,R4
        MUL     AB
        MOV     A,B
        XCH     A,R7
        MOV     B,R3
        MUL     AB
        ADD     A,R7
        MOV     R7,A
        CLR     A
        ADDC    A,B
        XCH     A,R4
        MOV     B,R6
        MUL     AB
        ADD     A,R7
        MOV     R7,A
        MOV     A,B
```

```
        ADDC    A,R4
        MOV     R4,A
        CLR     A
        RLC     A
        XCH     A,R3
        MOV     B,R6
        MUL     AB
        ADD     A,R4
        MOV     R4,A
        MOV     A,B
        ADDC    A,R3
        MOV     R3,A
        JB      ACC.7,MUL2          ;积为规格化数否?
        MOV     A,R7                ;左规一次
        RLC     A
        MOV     R7,A
        LCALL   RL1
MUL2:   MOV     A,R7
        JNB     ACC.7,MUL3
        INC     R4
        MOV     A,R4
        JNZ     MUL3
        INC     R3
        MOV     A,R3
        JNZ     MUL3
        MOV     R3,#80H
        INC     R2
MUL3:   MOV     A,R2                ;求积的阶码
        ADD     A,R5
MD:     MOV     R2,A                ;阶码溢出判断
        JB      ACC.7,MUL4
        JNB     ACC.6,MUL6
        MOV     R2,#3FH             ;阶码上溢,设立标志
        SETB    OV
        RET
MUL4:   JB      ACC.6,MUL6
MUL5:   CLR     A                   ;结果清零(因子为零或阶码下溢)
        MOV     R3,A
        MOV     R4,A
        MOV     R2,#41H
MUL6:   CLR     OV
        RET
;*******************************************
```

```
;(5) 标号：FDIV 功能:浮点数除法
;入口条件:被除数在[R0]中,除数在[R1]中
;出口信息:OV=0 时,商仍在[R0]中,OV=1 时,溢出
;影响资源:PSW、A、B、R2~R7、位 1EH、1FH 堆栈需求：5 字节
FDIV:   INC     R0
        MOV     A,@R0
        INC     R0
        ORL     A,@R0
        DEC     R0
        DEC     R0
        JNZ     DIV1
        MOV     @R0,#41H            ;被除数为零,不必运算
        CLR     OV
        RET
DIV1:   INC     R1
        MOV     A,@R1
        INC     R1
        ORL     A,@R1
        DEC     R1
        DEC     R1
        JNZ     DIV2
        SETB    OV                  ;除数为零,溢出
        RET
DIV2:   LCALL   MVR0                ;将[R0]传送到第一工作区中
        MOV     A,@R0
        XRL     A,@R1               ;比较两个操作数的符号
        RLC     A
        MOV     1FH,C               ;保存结果的符号
        LCALL   MVR1                ;将[R1]传送到第二工作区中
        LCALL   DIV3                ;调用工作区浮点除法
        LJMP    MOV0                ;回传结果
DIV3:   CLR     C                   ;比较尾数的大小
        MOV     A,R4
        SUBB    A,R7
        MOV     A,R3
        SUBB    A,R6
        JC      DIV4
        LCALL   RR1                 ;被除数右规一次
        SJMP    DIV3
DIV4:   CLR     A                   ;借用 R0R1R2 作工作寄存器
        XCH     A,R0                ;清零并保护之
        PUSH    ACC
        CLR     A
```

```
        XCH     A,R1
        PUSH    ACC
        MOV     A,R2
        PUSH    ACC
        MOV     B,#10H          ;除法运算,R3R4/R6R7→R0R1
DIV5:   CLR     C
        MOV     A,R1
        RLC     A
        MOV     R1,A
        MOV     A,R0
        RLC     A
        MOV     R0,A
        MOV     A,R4
        RLC     A
        MOV     R4,A
        XCH     A,R3
        RLC     A
        XCH     A,R3
        MOV     F0,C
        CLR     C
        SUBB    A,R7
        MOV     R2,A
        MOV     A,R3
        SUBB    A,R6
        ANL     C,/F0
        JC      DIV6
        MOV     R3,A
        MOV     A,R2
        MOV     R4,A
        INC     R1
DIV6:   DJNZ    B,DIV5
        MOV     A,R6            ;四舍五入
        CLR     C
        RRC     A
        SUBB    A,R3
        CLR     A
        ADDC    A,R1            ;将结果存回 R3R4
        MOV     R4,A
        CLR     A
        ADDC    A,R0
        MOV     R3,A
        POP     ACC             ;恢复 R0R1R2
        MOV     R2,A
```

```
          POP     ACC
          MOV     R1,A
          POP     ACC
          MOV     R0,A
          MOV     A,R2                ;计算商的阶码
          CLR     C
          SUBB    A,R5
          LCALL   MD                  ;阶码检验
          LJMP    RLN                 ;规格化
;*******************************************
;(6) 标号:FCLR 功能:浮点数清零
;入口条件:操作数在[R0]中
;出口信息:操作数被清零
;影响资源:A 堆栈需求:2字节
FCLR:     INC     R0
          INC     R0
          CLR     A
          MOV     @R0,A
          DEC     R0
          MOV     @R0,A
          DEC     R0
          MOV     @R0,#41H
          RET
;*******************************************
;(7) 标号:FZER 功能:浮点数判零
;入口条件:操作数在[R0]中
;出口信息:若累加器 A 为零,则操作数[R0]为零,否则不为零
;影响资源:A 堆栈需求:2字节
FZER:     INC     R0
          INC     R0
          MOV     A,@R0
          DEC     R0
          ORL     A,@R0
          DEC     R0
          JNZ     ZERO
          MOV     @R0,#41H
ZERO:     RET
;*******************************************
;(8) 标号:FMOV 功能:浮点数传送
;入口条件:源操作数在[R1]中,目标地址为[R0]
;出口信息:[R0]=[R1],[R1]不变
;影响资源:A 堆栈需求:2字节
FMOV:     INC     R0
```

```
          INC     R0
          INC     R1
          INC     R1
          MOV     A,@R1
          MOV     @R0,A
          DEC     R0
          DEC     R1
          MOV     A,@R1
          MOV     @R0,A
          DEC     R0
          DEC     R1
          MOV     A,@R1
          MOV     @R0,A
          RET
;* * * * * * * * * * * * * * * * * * * * * * * * * * * * * * * * * * * * * * * * * * * * * * *
;(9) 标号：FPUS 功能：浮点数压栈
;入口条件：操作数在[R0]中
;出口信息：操作数压入栈顶
;影响资源：A、R2、R3 堆栈需求：5 字节
FPUS:     POP     ACC                   ;将返回地址保存在 R2R3 中
          MOV     R2,A
          POP     ACC
          MOV     R3,A
          MOV     A,@R0                 ;将操作数压入堆栈
          PUSH    ACC
          INC     R0
          MOV     A,@R0
          PUSH    ACC
          INC     R0
          MOV     A,@R0
          PUSH    ACC
          DEC     R0
          DEC     R0
          MOV     A,R3                  ;将返回地址压入堆栈
          PUSH    ACC
          MOV     A,R2
          PUSH    ACC
          RET                           ;返回主程序
;* * * * * * * * * * * * * * * * * * * * * * * * * * * * * * * * * * * * * * * * * * * * * * *
;(10) 标号：FPOP 功能：浮点数出栈
;入口条件：操作数处于栈顶
;出口信息：操作数弹至[R0]中
;影响资源：A、R2、R3 堆栈需求：2 字节
```

```
FPOP:   POP     ACC             ;将返回地址保存在 R2R3 中
        MOV     R2,A
        POP     ACC
        MOV     R3,A
        INC     R0
        INC     R0
        POP     ACC             ;将操作数弹出堆栈,传送到[R0]中
        MOV     @R0,A
        DEC     R0
        POP     ACC
        MOV     @R0,A
        DEC     R0
        POP     ACC
        MOV     @R0,A
        MOV     A,R3            ;将返回地址压入堆栈
        PUSH    ACC
        MOV     A,R2
        PUSH    ACC
        RET                     ;返回主程序
;**************************************************************
;(11) 标号: FCMP 功能:浮点数代数值比较(不影响待比较操作数)
;入口条件:待比较操作数分别在[R0]和[R1]中
;出口信息:若 CY=1,则[R0] < [R1],若 CY=0 且 A=0 则 [R0] = [R1],否则[R0] > [R1]
;影响资源:A、B、PSW 堆栈需求: 2 字节
FCMP:   MOV     A,@R0           ;数符比较
        XRL     A,@R1
        JNB     ACC.7,CMP2
        MOV     A,@R0           ;两数异号,以[R0]数符为准
        RLC     A
        MOV     A,#0FFH
        RET
CMP2:   MOV     A,@R1           ;两数同号,准备比较阶码
        MOV     C,ACC.6
        MOV     ACC.7,C
        MOV     B,A
        MOV     A,@R0
        MOV     C,ACC.7
        MOV     F0,C            ;保存[R0]的数符
        MOV     C,ACC.6
        MOV     ACC.7,C
        CLR     C               ;比较阶码
        SUBB    A,B
        JZ      CMP6
```

```
        RLC     A               ;取阶码之差的符号
        JNB     F0,CMP5
        CPL     C               ;[R0]为负时,结果取反
CMP5:   MOV     A,#0FFH         ;两数不相等
        RET
CMP6:   INC     R0              ;阶码相同时,准备比较尾数
        INC     R0
        INC     R1
        INC     R1
        CLR     C
        MOV     A,@R0
        SUBB    A,@R1
        MOV     B,A             ;保存部分差
        DEC     R0
        DEC     R1
        MOV     A,@R0
        SUBB    A,@R1
        DEC     R0
        DEC     R1
        ORL     A,B             ;生成是否相等信息
        JZ      CMP7
        JNB     F0,CMP7
        CPL     C               ;[R0]为负时,结果取反
CMP7:   RET
;*******************************************
;(12) 标号: FABS 功能:浮点绝对值函数
;入口条件:操作数在[R0]中
;出口信息:结果仍在[R0]中
;影响资源:A 堆栈需求: 2 字节
FABS:   MOV     A,@R0           ;读取操作数的阶码
        CLR     ACC.7           ;清除数符
        MOV     @R0,A           ;回传阶码
        RET
;*******************************************
;(13) 标号: FSGN 功能:浮点符号函数
;入口条件:操作数在[R0]中
;出口信息:累加器 A=1 时为正数,A=0FFH 时为负数,A=0 时为零
;影响资源:PSW、A 堆栈需求: 2 字节
FSGN:   INC     R0              ;读尾数
        MOV     A,@R0
        INC     R0
        ORL     A,@R0
        DEC     R0
```

```
        DEC     R0
        JNZ     SGN
        RET                         ;尾数为零，结束
SGN:    MOV     A,@R0               ;读取操作数的阶码
        RLC     A                   ;取数符
        MOV     A,#1                ;按正数初始化
        JNC     SGN1                ;是正数，结束
        MOV     A,#0FFH             ;是负数，改变标志
SGN1:   RET
;*****************************************************
;(14) 标号：FINT 功能：浮点取整函数
;入口条件：操作数在[R0]中
;出口信息：结果仍在[R0]中
;影响资源：PSW、A、R2、R3、R4、位 1FH 堆栈需求：6 字节
FINT:   LCALL   MVR0                ;将[R0]传送到第一工作区中
        LCALL   INT                 ;在工作寄存器中完成取整运算
        LJMP    MOV0                ;将结果传回到[R0]中
INT:    MOV     A,R3
        ORL     A,R4
        JNZ     INTA
        CLR     1FH                 ;尾数为零，阶码也清零，结束取整
        MOV     R2,#41H
        RET
INTA:   MOV     A,R2
        JZ      INTB                ;阶码为零否?
        JB      ACC.7,INTB          ;阶符为负否?
        CLR     C
        SUBB    A,#10H              ;阶码小于 16 否?
        JC      INTD
        RET                         ;阶码大于 16，已经是整数
INTB:   CLR     A                   ;绝对值小于 1，取整后正数为零，负数为 1
        MOV     R4,A
        MOV     C,1FH
        RRC     A
        MOV     R3,A
        RL      A
        MOV     R2,A
        JNZ     INTC
        MOV     R2,#41H
INTC:   RET
INTD:   CLR     F0                  ;舍尾标志初始化
INTE:   CLR     C
        LCALL   RR1                 ;右规一次
```

```
        ORL     C,F0              ;记忆舍尾情况
        MOV     F0,C
        CJNE    R2,#10H,INTE      ;阶码达到16(尾数完全为整数)否?
        JNB     F0,INTF           ;舍去部分为零否?
        JNB     1FH,INTF          ;操作数为正数否?
        INC     R4                ;对于带小数的负数,向下取整
        MOV     A,R4
        JNZ     INTF
        INC     R3
INTF:   LJMP    RLN               ;将结果规格化
;*********************************************
;(15) 标号: FRCP 功能:浮点倒数函数
;入口条件:操作数在[R0]中
;出口信息:OV=0时,结果仍在[R0]中,OV=1时,溢出
;影响资源:PSW、A、B、R2~R7、位1EH、1FH 堆栈需求: 5字节
FRCP:   MOV     A,@R0
        MOV     C,ACC.7
        MOV     1FH,C             ;保存数符
        MOV     C,ACC.6           ;绝对值传送到第二工作区
        MOV     ACC.7,C
        MOV     R5,A
        INC     R0
        MOV     A,@R0
        MOV     R6,A
        INC     R0
        MOV     A,@R0
        MOV     R7,A
        DEC     R0
        DEC     R0
        ORL     A,R6
        JNZ     RCP
        SETB    OV                ;零不能求倒数,设立溢出标志
        RET
RCP:    MOV     A,R6
        JB      ACC.7,RCP2        ;操作数格式化否?
        CLR     C                 ;格式化之
        MOV     A,R7
        RLC     A
        MOV     R7,A
        MOV     A,R6
        RLC     A
        MOV     R6,A
        DEC     R5
```

```
        SJMP    RCP
RCP2:   MOV     R2,#1           ;将数值 1.00 传送到第一工作区
        MOV     R3,#80H
        MOV     R4,#0
        LCALL   DIV3            ;调用工作区浮点除法,求得倒数
        LJMP    MOV0            ;回传结果
;************************************************************
;(16) 标号: FSQU 功能:浮点数平方
;入口条件:操作数在[R0]中
;出口信息:OV=0 时,平方值仍然在[R0]中,OV=1 时溢出
;影响资源:PSW、A、B、R2～R7、位 1EH、1FH 堆栈需求: 9 字节
FSQU:   MOV     A,R0
        XCH     A,R1            ;将操作数同时作为乘数
        PUSH    ACC             ;保存 R1 指针
        LCALL   FMUL            ;进行乘法运算
        POP     ACC
        MOV     R1,A            ;恢复 R1 指针
        RET
;************************************************************
;(17) 标号: FSQR 功能:浮点数开方(快速逼近算法)
;入口条件:操作数在[R0]中
;出口信息:OV=0 时,平方根仍在[R0]中,OV=1 时,负数开方出错
;影响资源:PSW、A、B、R2～R7 堆栈需求: 2 字节
FSQR:   MOV     A,@R0
        JNB     ACC.7,SQR
        SETB    OV              ;负数开方,出错
        RET
SQR:    INC     R0
        INC     R0
        MOV     A,@R0
        DEC     R0
        ORL     A,@R0
        DEC     R0
        JNZ     SQ
        MOV     @R0,#41H        ;尾数为零,不必运算
        CLR     OV
        RET
SQ:     MOV     A,@R0
        MOV     C,ACC.6         ;将阶码扩展成 8bit 补码
        MOV     ACC.7,C
        INC     A               ;加一
        CLR     C
        RRC     A               ;除二
```

```
        MOV     @R0,A           ;得到平方根的阶码,回存之
        INC     R0              ;指向被开方数尾数的高字节
        JC      SQR0            ;原被开方数的阶码是奇数吗?
        MOV     A,@R0           ;是奇数,尾数右规一次
        RRC     A
        MOV     @R0,A
        INC     R0
        MOV     A,@R0
        RRC     A
        MOV     @R0,A
        DEC     R0
SQR0:   MOV     A,@R0
        JZ      SQR9            ;尾数为零,不必运算
        MOV     R2,A            ;将尾数传送到 R2R3 中
        INC     R0
        MOV     A,@R0
        MOV     R3,A
        MOV     A,R2            ;快速开方,参阅定点子程序说明
        ADD     A,#57H
        JC      SQR2
        ADD     A,#45H
        JC      SQR1
        ADD     A,#24H
        MOV     B,#0E3H
        MOV     R4,#80H
        SJMP    SQR3
SQR1:   MOV     B,#0B2H
        MOV     R4,#0A0H
        SJMP    SQR3
SQR2:   MOV     B,#8DH
        MOV     R4,#0D0H
SQR3:   MUL     AB
        MOV     A,B
        ADD     A,R4
        MOV     R4,A
        MOV     B,A
        MUL     AB
        XCH     A,R3
        CLR     C
        SUBB    A,R3
        MOV     R3,A
        MOV     A,B
        XCH     A,R2
```

```
        SUBB    A,R2
        MOV     R2,A
SQR4:   SETB    C
        MOV     A,R4
        RLC     A
        MOV     R6,A
        CLR     A
        RLC     A
        MOV     R5,A
        MOV     A,R3
        SUBB    A,R6
        MOV     B,A
        MOV     A,R2
        SUBB    A,R5
        JC      SQR5
        INC     R4
        MOV     R2,A
        MOV     R3,B
        SJMP    SQR4
SQR5:   MOV     A,R4
        XCH     A,R2
        RRC     A
        MOV     F0,C
        MOV     A,R3
        MOV     R5,A
        MOV     R4,#8
SQR6:   CLR     C
        MOV     A,R3
        RLC     A
        MOV     R3,A
        CLR     C
        MOV     A,R5
        SUBB    A,R2
        JB      F0,SQR7
        JC      SQR8
SQR7:   MOV     R5,A
        INC     R3
SQR8:   CLR     C
        MOV     A,R5
        RLC     A
        MOV     R5,A
        MOV     F0,C
        DJNZ    R4,SQR6
```

```
        MOV     A,R3            ;将平方根的尾数回传到[R0]中
        MOV     @R0,A
        DEC     R0
        MOV     A,R2
        MOV     @R0,A
SQR9:   DEC     R0              ;数据指针回归原位
        CLR     OV              ;开方结果有效
        RET
;****************************************************
;(18) 标号: FPLN 功能:浮点数多项式计算
;入口条件:自变量在[R0]中,多项式系数在调用指令之后,以40H结束
;出口信息:OV=0时,结果仍在[R0]中,OV=1时,溢出
;影响资源:DPTR、PSW、A、B、R2~R7、位1EH、1FH 堆栈需求: 4字节
FPLN:   POP     DPH             ;取出多项式系数存放地址
        POP     DPL
        XCH     A,R0            ;R0、R1交换角色,自变量在[R1]中
        XCH     A,R1
        XCH     A,R0
        CLR     A               ;清第一工作区
        MOV     R2,A
        MOV     R3,A
        MOV     R4,A
        CLR     1FH
PLN1:   CLR     A               ;读取一个系数,并装入第二工作区
        MOVC    A,@A+DPTR
        MOV     C,ACC.7
        MOV     1EH,C
        MOV     C,ACC.6
        MOV     ACC.7,C
        MOV     R5,A
        INC     DPTR
        CLR     A
        MOVC    A,@A+DPTR
        MOV     R6,A
        INC     DPTR
        CLR     A
        MOVC    A,@A+DPTR
        MOV     R7,A
        INC     DPTR            ;指向下一个系数
        MOV     C,1EH           ;比较两个数符
        RRC     A
        XRL     A,23H
        RLC     A
```

```
        MOV     F0,C            ;保存比较结果
        LCALL   AS1             ;进行代数加法运算
        CLR     A               ;读取下一个系数的第一个字节
        MOVC    A,@A+DPTR
        CJNE    A,#40H,PLN2     ;是结束标志吗?
        XCH     A,R0            ;运算结束,恢复R0、R1原来的角色
        XCH     A,R1
        XCH     A,R0
        LCALL   MOV0            ;将结果回传到[R0]中
        CLR     A
        INC     DPTR
        JMP     @A+DPTR         ;返回主程序
PLN2:   MOV     A,@R1           ;比较自变量和中间结果的符号
        XRL     A,23H
        RLC     A
        MOV     1FH,C           ;保存比较结果
        LCALL   MUL0            ;进行乘法运算
        SJMP    PLN1            ;继续下一项运算
;*********************************************
;(19) 标号:FLOG 功能:以10为底的浮点对数函数
;入口条件:操作数在[R0]中
;出口信息:OV=0时,结果仍在[R0]中,OV=1时,负数或零求对数出错
;影响资源:DPTR、PSW、A、B、R2~R7、位1EH、1FH 堆栈需求:9字节
FLOG:   LCALL   FLN             ;先以e为底求对数
        JNB     OV,LOG
        RET                     ;如溢出则停止计算
LOG:    MOV     R5,#0FFH        ;系数0.434 30(1/ln10)
        MOV     R6,#0DEH
        MOV     R7,#5CH
        LCALL   MUL1            ;通过相乘来换底
        LJMP    MOV0            ;传回结果
;*********************************************
;(20) 标号:FLN 功能:以e为底的浮点对数函数
;入口条件:操作数在[R0]中
;出口信息:OV=0时,结果仍在[R0]中,OV=1时,负数或零求对数出错
;影响资源:DPTR、PSW、A、B、R2~R7、位1EH、1FH 堆栈需求:7字节
FLN:    LCALL   MVR0            ;将[R0]传送到第一工作区
        JB      1FH,LNOV        ;负数或零求对数,出错
        MOV     A,R3
        ORL     A,R4
        JNZ     LN0
LNOV:   SETB    OV
        RET
```

```
LN0:   CLR     C
       LCALL   RL1                   ;左规一次
       CLR     A
       XCH     A,R2                  ;保存原阶码,清零工作区的阶码
       PUSH    ACC
       LCALL   RLN                   ;规格化
       LCALL   MOV0                  ;回传
       LCALL   FPLN                  ;用多项式计算尾数的对数
       DB      7BH,0F4H,30H          ;0.029 808
       DB      0FEH,85H,13H          ;-0.129 96
       DB      7FH,91H,51H           ;0.283 82
       DB      0FFH,0FAH,0BAH        ;-0.489 7
       DB      0,0FFH,0CAH           ;0.999 18
       DB      70H,0C0H,0            ;1.144 2
       DB      40H                   ;结束
       POP     ACC                   ;取出原阶码
       JNZ     LN1
       RET                           ;如为零,则结束
LN1:   CLR     1EH                   ;清第二区数符
       MOV     C,ACC.7
       MOV     F0,C                  ;保存阶符
       JNC     LN2
       CPL     A                     ;当阶码为负时,求其绝对值
       INC     A
LN2:   MOV     R2,A                  ;阶码的绝对值乘以 0.693 15
       MOV     B,#72H
       MUL     AB
       XCH     A,R2
       MOV     R7,B
       MOV     B,#0B1H
       MUL     AB
       ADD     A,R7
       MOV     R7,A                  ;乘积的尾数在 R6R7R2 中
       CLR     A
       ADDC    A,B
       MOV     R6,A
       MOV     R5,#8                 ;乘积的阶码初始化(整数部分为 1 字节)
LN3:   JB      ACC.7,LN4             ;乘积格式化
       MOV     A,R2
       RLC     A
       MOV     R2,A
       MOV     A,R7
       RLC     A
```

```
        MOV     R7,A
        MOV     A,R6
        RLC     A
        MOV     R6,A
        DEC     R5
        SJMP    LN3
LN4:    MOV     C,F0            ;取出阶符,作为乘积的数符
        MOV     ACC.7,C
        LJMP    ASN             ;与尾数的对数合并,得原操作数的对数
;*****************************************************
;(21) 标号: FE10 功能:以 10 为底的浮点指数函数
;入口条件:操作数在[R0]中
;出口信息:OV=0 时,结果仍在[R0]中,OV=1 时,溢出
;影响资源:DPTR、PSW、A、B、R2～R7、位 1EH、1FH 堆栈需求:6 字节
FE10:   MOV     R5,#2           ;加权系数为 3.321 9(log₂10)
        MOV     R6,#0D4H
        MOV     R7,#9AH
        SJMP    EXP             ;先进行加权运算,后以 2 为底统一求幂
;*****************************************************
;(22) 标号: FEXP 功能:以 e 为底的浮点指数函数
;入口条件:操作数在[R0]中
;出口信息:OV=0 时,结果仍在[R0]中,OV=1 时,溢出
;影响资源:DPTR、PSW、A、B、R2～R7、位 1EH、1FH 堆栈需求:6 字节
FEXP:   MOV     R5,#1           ;加权系数为 1.442 72(log₂e)
        MOV     R6,#0B8H
        MOV     R7,#0ABH
EXP:    CLR     1EH             ;加权系数为正数
        LCALL   MVR0            ;将[R0]传送到第一工作区
        LCALL   MUL1            ;进行加权运算
        SJMP    E20             ;以 2 为底统一求幂
;*****************************************************
;(23) 标号: FE2 功能:以 2 为底的浮点指数函数
;入口条件:操作数在[R0]中
;出口信息:OV=0 时,结果仍在[R0]中,OV=1 时,溢出
;影响资源:DPTR、PSW、A、B、R2～R7、位 1EH、1FH 堆栈需求:6 字节
FE2:    LCALL   MVR0            ;将[R0]传送到第一工作区
E20:    MOV     A,R3
        ORL     A,R4
        JZ      EXP1            ;尾数为零
        MOV     A,R2
        JB      ACC.7,EXP2      ;阶符为负?
        SETB    C
        SUBB    A,#6            ;阶码大于 6 否?
```

```
        JC      EXP2
        JB      1FH,EXP0        ;数符为负否?
        MOV     @R0,#3FH        ;正指数过大,幂溢出
        INC     R0
        MOV     @R0,#0FFH
        INC     R0
        MOV     @R0,#0FFH
        DEC     R0
        DEC     R0
        SETB    OV
        RET
EXP0:   MOV     @R0,#41H        ;负指数过大,幂下溢,清零处理
        CLR     A
        INC     R0
        MOV     @R0,A
        INC     R0
        MOV     @R0,A
        DEC     R0
        DEC     R0
        CLR     OV
        RET
EXP1:   MOV     @R0,#1          ;指数为零,幂为 1.00
        INC     R0
        MOV     @R0,#80H
        INC     R0
        MOV     @R0,#0
        DEC     R0
        DEC     R0
        CLR     OV
        RET
EXP2:   MOV     A,R2            ;将指数复制到第二工作区
        MOV     R5,A
        MOV     A,R3
        MOV     R6,A
        MOV     A,R4
        MOV     R7,A
        MOV     C,1FH
        MOV     1EH,C
        LCALL   INT             ;对第一区取整
        MOV     A,R3
        JZ      EXP4
EXP3:   CLR     C               ;使尾数高字节 R3 对应 1 个字节整数
        RRC     A
```

```
        INC     R2
        CJNE    R2,#8,EXP3
EXP4:   MOV     R3,A
        JNB     1FH,EXP5
        CPL     A                   ;并用补码表示
        INC     A
EXP5:   PUSH    ACC                 ;暂时保存之
        LCALL   RLN                 ;重新规格化
        CPL     1FH
        SETB    F0
        LCALL   AS1                 ;求指数的小数部分
        LCALL   MOV0                ;回传指数的小数部分
        LCALL   FPLN                ;通过多项式计算指数的小数部分的幂
        DB      77H,0B1H,0C9H       ;1.356 4×10-3
        DB      7AH,0A1H,68H        ;9.851 4×10-3
        DB      7CH,0E3H,4FH        ;0.055 495
        DB      7EH,0F5H,0E7H       ;0.240 14
        DB      0,0B1H,72H          ;0.693 15
        DB      1,80H,0             ;1.000 00
        DB      40H                 ;结束
        POP     ACC                 ;取出指数的整数部分
        ADD     A,R2                ;按补码加到幂的阶码上
        MOV     R2,A
        CLR     1FH                 ;幂的符号为正
        LJMP    MOV0                ;将幂传回[R0]中
;**********************************************
;(24)标号:DTOF 功能:双字节十六进制定点数转换成格式化浮点数
;入口条件:双字节定点数的绝对值在[R0]中,数符在位 1FH 中,整数部分的位数在 A 中
;出口信息:转换成格式化浮点数在[R0]中(3 字节)
;影响资源:PSW、A、R2、R3、R4、位 1FH 堆栈需求: 6 字节
DTOF:   MOV     R2,A                ;按整数的位数初始化阶码
        MOV     A,@R0               ;将定点数作尾数
        MOV     R3,A
        INC     R0
        MOV     A,@R0
        MOV     R4,A
        DEC     R0
        LCALL   RLN                 ;进行规格化
        LJMP    MOV0                ;传送结果到[R0]中
;**********************************************
;(25) 标号: FTOD 功能:格式化浮点数转换成双字节定点数
;入口条件:格式化浮点操作数在[R0]中
;出口信息:OV=1 时溢出,OV=0 时转换成功:定点数的绝对值在[R0]中(双字节),数符;在位 1FH 中,
```

F0=1 时为整数,CY=1 时为 1 字节整数 1 字节小数,否则为纯小数

```
;影响资源:PSW、A、B、R2、R3、R4、位 1FH 堆栈需求:6 字节
FTOD:   LCALL   MVR0            ;将[R0]传送到第一工作区
        MOV     A,R2
        JZ      FTD4            ;阶码为零,纯小数
        JB      ACC.7,FTD4      ;阶码为负,纯小数
        SETB    C
        SUBB    A,#10H
        JC      FTD1
        SETB    OV              ;阶码大于 16,溢出
        RET
FTD1:   SETB    C
        MOV     A,R2
        SUBB    A,#8            ;阶码大于 8 否?
        JC      FTD3
FTD2:   MOV     B,#10H          ;阶码大于 8,按双字节整数转换
        LCALL   FTD8
        SETB    F0              ;设立双字节整数标志
        CLR     C
        CLR     OV
        RET
FTD3:   MOV     B,#8            ;按 1 字节整数 1 字节小数转换
        LCALL   FTD8
        SETB    C               ;设立 1 字节整数 1 字节小数标志
        CLR     F0
        CLR     OV
        RET
FTD4:   MOV     B,#0            ;按纯小数转换
        LCALL   FTD8
        CLR     OV              ;设立纯小数标志
        CLR     F0
        CLR     C
        RET
FTD8:   MOV     A,R2            ;按规定的整数位数进行右规
        CJNE    A,B,FTD9
        MOV     A,R3            ;将双字节结果传送到[R0]中
        MOV     @R0,A
        INC     R0
        MOV     A,R4
        MOV     @R0,A
        DEC     R0
        RET
FTD9:   CLR     C
```

```
        LCALL   RR1             ;右规一次
        SJMP    FTD8
;*********************************************
;(26) 标号: BTOF 功能:浮点 BCD 码转换成格式化浮点数
;入口条件:浮点 BCD 码操作数在[R0]中
;出口信息:转换成的格式化浮点数仍在[R0]中
;影响资源:PSW、A、B、R2～R7、位 1DH～1FH 堆栈需求:6 字节
BTOF:   INC     R0              ;判断是否为零
        INC     R0
        MOV     A,@R0
        MOV     R7,A
        DEC     R0
        MOV     A,@R0
        MOV     R6,A
        DEC     R0
        ORL     A,R7
        JNZ     BTF0
        MOV     @R0,#41H        ;为零,转换结束
        RET
BTF0:   MOV     A,@R0
        MOV     C,ACC.7
        MOV     1DH,C           ;保存数符
        CLR     1FH             ;以绝对值进行转换
        MOV     C,ACC.6         ;扩充阶码为八位
        MOV     ACC.7,C
        MOV     @R0,A
        JNC     BTF1
        ADD     A,#19           ;是否小于 1E-19?
        JC      BTF2
        MOV     @R0,#41H        ;小于 1E-19 时以 0 计
        INC     R0
        MOV     @R0,#0
        INC     R0
        MOV     @R0,#0
        DEC     R0
        DEC     R0
        RET
BTF1:   SUBB    A,#19
        JC      BTF2
        MOV     A,#3FH          ;大于 1E19 时封顶
        MOV     C,1DH
        MOV     ACC.7,C
        MOV     @R0,A
```

```
        INC     R0
        MOV     @R0,#0FFH
        INC     R0
        MOV     @R0,#0FFH
        DEC     R0
        DEC     R0
        RET
BTF2:   CLR A                          ;准备将 BCD 码尾数转换成十六进制浮点数
        MOV     R4,A
        MOV     R3,A
        MOV     R2,#10H                ;至少 2 字节
BTF3:   MOV     A,R7
        ADD     A,R7
        DA      A
        MOV     R7,A
        MOV     A,R6
        ADDC    A,R6
        DA      A
        MOV     R6,A
        MOV     A,R4
        RLC     A
        MOV     R4,A
        MOV     A,R3
        RLC     A
        MOV     R3,A
        DEC     R2
        JNB     ACC.7,BTF3             ;直到尾数规格化
        MOV     A,R6                   ;四舍五入
        ADD     A,#0B0H
        CLR     A
        ADDC    A,R4
        MOV     R4,A
        CLR     A
        ADDC    A,R3
        MOV     R3,A
        JNC     BTF4
        MOV     R3,#80H
        INC     R2
BTF4:   MOV     DPTR,#BTFL             ;准备查表得到十进制阶码对应的浮点数
        MOV     A,@R0
        ADD     A,#19                  ;计算表格偏移量
        MOV     B,#3
        MUL     AB
```

```
        ADD     A,DPL
        MOV     DPL,A
        JNC     BTF5
        INC     DPH
BTF5:   CLR     A                   ;查表
        MOVC    A,@A+DPTR
        MOV     C,ACC.6
        MOV     ACC.7,C
        MOV     R5,A
        MOV     A,#1
        MOVC    A,@A+DPTR
        MOV     R6,A
        MOV     A,#2
        MOVC    A,@A+DPTR
        MOV     R7,A
        LCALL   MUL1                ;将阶码对应的浮点数和尾数对应的浮点数相乘
        MOV     C,1DH               ;取出数符
        MOV     1FH,C
        LJMP    MOV0                ;传送转换结果
;* * * * * * * * * * * * * * * * * * * * * * * * * * * * * * * * * * * * * * * * * * * * * ?
;(27) 标号:FTOB 功能:格式化浮点数转换成浮点 BCD 码
;入口条件:格式化浮点操作数在[R0]中
;出口信息:转换成的浮点 BCD 码仍在[R0]中
;影响资源:PSW、A、B、R2~R7、位 1DH~1FH 堆栈需求:6 字节
FTOB:   INC     R0
        MOV     A,@R0
        INC     R0
        ORL     A,@R0
        DEC     R0
        DEC     R0
        JNZ     FTB0
        MOV     @R0,#41H
        RET
FTB0:   MOV     A,@R0
        MOV     C,ACC.7
        MOV     1DH,C
        CLR     ACC.7
        MOV     @R0,A
        LCALL   MVR0
        MOV     DPTR,#BFL0          ;绝对值大于或等于 1 时的查表起点
        MOV     B,#0                ;10°
        MOV     A,R2
        JNB     ACC.7,FTB1
```

```
        MOV     DPTR,#BTFL      ;绝对值小于1E-6时的查表起点
        MOV     B,#0EDH         ;10^-19
        ADD     A,#16
        JNC     FTB1
        MOV     DPTR,#BFLN      ;绝对值大于或等于1E-6时的查表起点
        MOV     B,#0FAH         ;10^-6
FTB1:   CLR     A               ;查表,找到一个比待转换浮点数大的整数幂
        MOVC    A,@A+DPTR
        MOV     C,ACC.6
        MOV     ACC.7,C
        MOV     R5,A
        MOV     A,#1
        MOVC    A,@A+DPTR
        MOV     R6,A
        MOV     A,#2
        MOVC    A,@A+DPTR
        MOV     R7,A
        MOV     A,R5            ;和待转换浮点数比较
        CLR     C
        SUBB    A,R2
        JB      ACC.7,FTB2      ;差为负数
        JNZ     FTB3
        MOV     A,R6
        CLR     C
        SUBB    A,R3
        JC      FTB2
        JNZ     FTB3
        MOV     A,R7
        CLR     C
        SUBB    A,R4
        JC      FTB2
        JNZ     FTB3
        MOV     R5,B            ;正好是表格中的数
        INC     R5              ;幂加1
        MOV     R6,#10H         ;尾数为0.100 0
        MOV     R7,#0
        SJMP    FTB6            ;传送转换结果
FTB2:   INC     DPTR            ;准备表格下一项
        INC     DPTR
        INC     DPTR
        INC     B               ;幂加1
        SJMP    FTB1
FTB3:   PUSH    B               ;保存幂值
```

```
        LCALL   DIV3        ;相除,得到一个二进制浮点数的纯小数
FTB4:   MOV     A,R2        ;取阶码
        JZ      FTB5        ;为零吗?
        CLR     C
        LCALL   RR1         ;右规
        SJMP    FTB4
FTB5:   POP     ACC         ;取出幂值
        MOV     R5,A        ;作为十进制浮点数的阶码
        LCALL   HB2         ;转换尾数的十分位和百分位
        MOV     R6,A
        LCALL   HB2         ;转换尾数的千分位和万分位
        MOV     R7,A
        MOV     A,R3        ;四舍五入
        RLC     A
        CLR     A
        ADDC    A,R7
        DA      A
        MOV     R7,A
        CLR     A
        ADDC    A,R6
        DA      A
        MOV     R6,A
        JNC     FTB6
        MOV     R6,#10H
        INC     R5
FTB6:   INC     R0          ;存放转换结果
        INC     R0
        MOV     A,R7
        MOV     @R0,A
        DEC     R0
        MOV     A,R6
        MOV     @R0,A
        DEC     R0
        MOV     A,R5
        MOV     C,1DH       ;取出数符
        MOV     ACC.7,C
        MOV     @R0,A
        RET
HB2:    MOV     A,R4        ;尾数扩大100倍
        MOV     B,#100
        MUL     AB
        MOV     R4,A
        MOV     A,B
```

```
        XCH     A,R3
        MOV     B,#100
        MUL     AB
        ADD     A,R3
        MOV     R3,A
        JNC     HB21
        INC     B
HB21:   MOV     A,B                     ;将整数部分转换成BCD码
        MOV     B,#10
        DIV     AB
        SWAP    A
        ORL     A,B
        RET
BTFL:   DB      41H,0ECH,1EH            ;1.000 0E-19
        DB      45H,93H,93H             ;1.000 0E-18
        DB      48H,0B8H,78H            ;1.000 0E-17
        DB      4BH,0E6H,96H            ;1.000 0E-16
        DB      4FH,90H,1DH             ;1.000 0E-15
        DB      52H,0B4H,25H            ;1.000 0E-14
        DB      55H,0E1H,2EH            ;1.000 0E-13
        DB      59H,8CH,0BDH            ;1.000 0E-12
        DB      5CH,0AFH,0ECH           ;1.000 0E-11
        DB      5FH,0DBH,0E7H           ;1.000 0E-10
        DB      63H,89H,70H             ;1.000 0E-9
        DB      66H,0ABH,0CCH           ;1.000 0E-8
        DB      69H,0D6H,0C0H           ;1.000 0E-7
BFLN:   DB      6DH,86H,38H             ;1.000 0E-6
        DB      70H,0A7H,0C6H           ;1.000 0E-5
        DB      73H,0D1H,0B7H           ;1.000 0E-4
        DB      77H,83H,12H             ;1.000 0E-3
        DB      7AH,0A3H,0D7H           ;1.000 0E-2
        DB      7DH,0CCH,0CDH           ;1.000 0E-1
BFL0:   DB      1,80H,00H               ;1.000 0
        DB      4,0A0H,00H              ;1.000 0E1
        DB      7,0C8H,00H              ;1.000 0E2
        DB      0AH,0FAH,00H            ;1.000 0E3
        DB      0EH,9CH,40H             ;1.000 0E4
        DB      11H,0C3H,50H            ;1.000 0E5
        DB      14H,0F4H,24H            ;1.000 0E6
        DB      18H,98H,97H             ;1.000 0E7
        DB      1BH,0BEH,0BCH           ;1.000 0E8
        DB      1EH,0EEH,6BH            ;1.000 0E9
        DB      22H,95H,03H             ;1.000 0E10
```

```
        DB      25H,0BAH,44H        ;1.000 0E11
        DB      28H,0E8H,0D5H       ;1.000 0E12
        DB      2CH,91H,85H         ;1.000 0E13
        DB      2FH,0B5H,0E6H       ;1.000 0E14
        DB      32H,0E3H,60H        ;1.000 0E15
        DB      36H,8EH,1CH         ;1.000 0E16
        DB      39H,31H,0A3H        ;1.000 0E17
        DB      3CH,0DEH,0BH        ;1.000 0E18
        DB      40H,8AH,0C7H        ;1.000 0E19
;*****************************************
;(28) 标号：FCOS 功能：浮点余弦函数
;入口条件：操作数在[R0]中
;出口信息：结果仍在[R0]中
;影响资源：DPTR、PSW、A、B、R2～R7、位 1DH～1FH 堆栈需求：6 字节
FCOS:   LCALL   FABS                ;cos(-X) =cosX
        MOV     R5,#1               ;常数 1.570 8(π/2)
        MOV     R6,#0C9H
        MOV     R7,#10H
        CLR     1EH
        LCALL   MVR0
        CLR     F0
        LCALL   AS1                 ;x+(π/2)
        LCALL   MOV0                ;保存结果，接着运行下面的 FSIN 程序
;*****************************************
;(29) 标号：FSIN 功能：浮点正弦函数
;入口条件：操作数在[R0]中
;出口信息：结果仍在[R0]中
;影响资源：DPTR、PSW、A、B、R2～R7、位 1DH～1FH 堆栈需求：6 字节
FSIN:   MOV     A,@R0
        MOV     C,ACC.7
        MOV     1DH,C               ;保存自变量的符号
        CLR     ACC.7               ;统一按正数计算
        MOV     @R0,A
        LCALL   MVR0                ;将[R0]传送到第一工作区
        MOV     R5,#0               ;系数 0.636 627(2/π)
        MOV     R6,#0A2H
        MOV     R7,#0FAH
        CLR     1EH
        LCALL   MUL1                ;相乘，自变量按(π/2)归一化
        MOV     A,R2                ;将结果复制到第二区
        MOV     R5,A
        MOV     A,R3
        MOV     R6,A
```

```
        MOV     A,R4
        MOV     R7,A
        LCALL   INT             ;第一区取整,获得象限信息
        MOV     A,R2
        JZ      SIN2
SIN1:   CLR     C               ;将浮点象限数转换成定点象限数
        LCALL   RR1
        CJNE    R2,#10H,SIN1
        MOV     A,R4
        JNB     ACC.1,SIN2
        CPL     1DH             ;对于第三、四象限,结果取反
SIN2:   JB      ACC.0,SIN3
        CPL     1FH             ;对于第一、三象限,直接求归一化的小数
        SJMP    SIN4
SIN3:   MOV     A,R4            ;对于第二、四象限,准备求其补数
        INC     A
        MOV     R4,A
        JNZ     SIN4
        INC     R3
SIN4:   LCALL   RLN             ;规格化
        SETB    F0
        LCALL   AS1             ;求自变量归一化等效值
        LCALL   MOV0            ;回传
        LCALL   FPLN            ;用多项式计算正弦值
        DB      7DH,93H,28H     ;0.071 85
        DB      41H,0,0         ;0
        DB      80H,0A4H,64H    ;-0.642 15
        DB      41H,0,0         ;0
        DB      1,0C9H,2        ;1.570 4
        DB      41H,0,0         ;0
        DB      40H             ;结束
        MOV     A,@R0           ;结果的绝对值超过1.00吗?
        JZ      SIN5
        JB      ACC.6,SIN5
        INC     R0              ;绝对值按1.00封顶
        MOV     @R0,#80H
        INC     R0
        MOV     @R0,#0
        DEC     R0
        DEC     R0
        MOV     A,#1
SIN5:   MOV     C,1DH           ;将数符拼入结果中
        MOV     ACC.7,C
```

```
        MOV     @R0,A
        RET
;**********************************************
;(30) 标号: FATN 功能:浮点反正切函数
;入口条件:操作数在[R0]中
;出口信息:结果仍在[R0]中
;影响资源:DPTR、PSW、A、B、R2～R7、位 1CH～1FH 堆栈需求:7 字节
FATN:   MOV     A,@R0
        MOV     C,ACC.7
        MOV     1DH,C           ;保存自变量数符
        CLR     ACC.7           ;自变量取绝对值
        MOV     @R0,A
        CLR     1CH             ;清求余运算标志
        JB      ACC.6,ATN1      ;自变量为纯小数否?
        JZ      ATN1
        SETB    1CH             ;置位求余运算标志
        LCALL   FRCP            ;通过倒数运算,转换成纯小数
ATN1:   LCALL   FPLN            ;通过多项式运算,计算反正切函数值
        DB      0FCH,0E4H,91H   ;-0.055 802
        DB      7FH,8FH,37H     ;0.279 22
        DB      0FFH,0EDH,0E0H  ;-0.464 60
        DB      7BH,0E8H,77H    ;0.028 377
        DB      0,0FFH,68H      ;0.997 7
        DB      72H,85H,0ECH    ;3.193 0×10^-5
        DB      40H             ;结束
        JNB     1CH,ATN2        ;需要求余运算否?
        CPL     1FH             ;准备运算标志
        MOV     C,1FH
        MOV     F0,C            ;常数 1.570 8(π/2)
        MOV     R5,#1
        MOV     R6,#0C9H
        MOV     R7,#10H
        LCALL   AS1             ;求余运算
        LCALL   MOV0            ;回传
ATN2:   MOV     A,@R0           ;拼入结果的数符
        MOV     C,1DH
        MOV     ACC.7,C
        MOV     @R0,A
        RET
;**********************************************
;(31) 标号: RTOD 功能:浮点弧度数转换成浮点度数
;入口条件:浮点弧度数在[R0]中
;出口信息:转换成的浮点度数仍在[R0]中
```

```
;影响资源:PSW、A、B、R2～R7、位 1EH、1FH 堆栈需求:6 字节
RTOD:    MOV     R5,#6           ;系数(180/π)传送到第二工作区
         MOV     R6,#0E5H
         MOV     R7,#2FH
         SJMP    DR              ;通过乘法进行转换
;* * * * * * * * * * * * * * * * * * * * * * * * * * * * * * * * * * * * * * * * * * * * * *
;(32) 标号: DTOR 功能:浮点度数转换成浮点弧度数
;入口条件:浮点度数在[R0]中
;出口信息:转换成的浮点弧度数仍在[R0]中
;影响资源:PSW、A、B、R2～R7、位 1EH、1FH 堆栈需求:6 字节
DTOR:    MOV     R5,#0FBH        ;系数(π/180)传送到第二工作区
         MOV     R6,#8EH
         MOV     R7,#0FAH
DR:      LCALL   MVR0            ;将[R0]传送到第一工作区
         CLR     1EH             ;系数为正
         LCALL   MUL1            ;通过乘法进行转换
         LJMP    MOV0            ;结果传送到[R0]中
LEDSCAN:                         ;数码管扫描子程序
         MOV     P0,7FH
         SETB    P0.7
         CALL    DELAY
         CLR     P0.7
         MOV     P0,7EH
         SETB    P0.6
         CALL    DELAY
         CLR     P0.6
         MOV     P0,7DH
         SETB    P0.5
         CALL    DELAY
         CLR     P0,5
         MOV     P0,7CH
         SETB    P0.4
         CALL    DELAY
         CLR     P0.4
         RET
DELAY:                           ;5 ms 延时程序
         MOV     50H,#5
L9:      MOV     51H,#8
L8:      MOV     52H,#61
L7:      DJNZ    52H,L7
         DJNZ    51H,L8
         DJNZ    50H,L9
         RET
```

```
KEYIN:                                  ;按键中断服务程序
        PUSH    ACC
        PUSH    PSW
        MOV     P0,#00H
        MOV     A,P2                    ;根据键值转移
        ANL     A,#00000111B
N1:     CJNE    A,#06H,N2
        LJMP    KEY1                    ;转到“电感”按键
N2:     CJNE    A,#05H,N3
        LJMP    KEY2                    ;转到“电容”按键
N3:     CJNE    A,#03H,N4
        LJMP    KEY3                    ;转到“电阻”按键
N4:     POP     PSW
        POP     ACC
        RETI                            ;中断返回
KEY1:                                   ;“电感”按键程序
        LCALL   DELAY30MS
        MOV     P2,#0FFH
        MOV     A,P2
        ANL     A,#00000111B
        CJNE    A,#06H,N4
        LCALL   DELAY30MS
        LCALL   TEXTL4_STATE            ;调用电感子程序
KEY1_1:
        MOV     P2,#0FFH                ;等待按键释放
        MOV     A,P2
        ANL     A,#00000111B
        CJNE    A,#07H,KEY1_1

        POP     PSW
        POP     ACC
        RETI
KEY2:                                   ;“电容”按键子程序
        LCALL   DELAY30MS
        MOV     P2,#0FFH
        MOV     A,P2
        ANL     A,#00000111B
        CJNE    A,#05H,N4
        LCALL   DELAY30MS
        LCALL   TEXTC2_STATE            ;调用电容子程序
KEY2_1:
        MOV     P2,#0FFH                ;等待按键释放
        MOV     A,P2
```

```
        ANL     A,#00000111B
        CJNE    A,#07H,KEY2_1
        POP     PSW
        POP     ACC
        RETI
KEY3:                              ;"电阻"按键子程序
        LCALL   DELAY30MS
        MOV     P2,#0FFH
        MOV     A,P2
        ANL     A,#00000111B
        CJNE    A,#03H,N4
        LCALL   DELAY30MS
        LCALL   TEXTR0_STATE       ;调用电阻子程序
KEY3_1:
        MOV     P2,#0FFH           ;等待按键释放
        MOV     A,P2
        ANL     A,#00000111B
        CJNE    A,#07H,KEY3_1

        POP     PSW
        POP     ACC
        RETI
DELAY30MS:                         ;30 ms 延时程序
        MOV     41H,#30
U9:     MOV     42H,#8
U8:     MOV     43H,#61
U7:     DJNZ    43H,U7
        DJNZ    42H,U8
        DJNZ    41H,U9
        RET
        END                        ;程序结束
```

实例二　日历电子时钟的设计

一、设计要求

本实例要求利用 MCS-51 单片机 AT89C51 和时钟日历芯片 DS12C887 设计大屏幕日历电子钟。其主要技术要求如下：

(1)显示月、周、日、时、分、秒；

(2)月、周、日、时、分、秒可调。

本设计以 8 位单片机 AT89C51 为核心，通过点阵式 LED 显示月、周、日、时、分、秒。同时

增加月、周、日、时、分、秒可调的控制功能键。

二、硬件的设计与配置

系统分为五大模块：日历时钟模块、单片机控制模块、显示驱动模块、电源模块、显示模块。原理框图如图 5.13 所示。

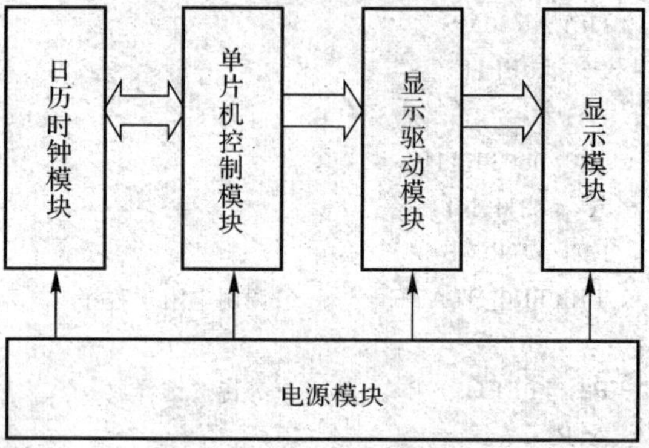

图 5.13　原理框图

(1)日历时钟模块。可选芯片最初选定为 PCF8563 和 DS12C887。其功能基本相似，但 DS12C887 内部具有 114B 的 RAM，锂电池(可工作 10 年)，晶振电路，相比 PCF8563 可大大简化电路，所以最终锁定为 DS12C887。

(2)单片机控制模块。选用 AT89C51，它具有高性价比，使用方便(指令和管脚同 8051 兼容)，内部集成 4KB E^2 PROM，无需外扩存储器等特点。

(3)显示驱动模块。段码驱动选用集成 7 达林顿管 ULN2003，位码驱动用 NPN 三极管 9013 和 PNP 三极管 9012 组成达林顿管，驱动电路驱动能力大大增强。

(4)电源模块。220 V 交流电压经变压、整流、滤波、稳压输出 5 V 直流电压。为整个系统提供电源。

(5)显示模块。用 4 个发光二极管串接组成 LED 的一段，显示亮度加强，可显示月、日、周、时、分、秒。将月、日、周、时、分、秒每单元分为两组：月个位、日个位、周、时个位、分个位、秒个位；月十位、日十位、时十位、分十位、秒十位。分别复用两组段码输出线。

三、硬件电路及模块功能分析

1. 单片机控制模块

(1)单片机 AT89C51 简介。本系统的控制部件由单片机来承担，选用 AT89C51。它是 ATMEL 生产的一种带 4KBE^2PROM 的低功耗、高性能 COMS 8 位微控制器。采用 ATMEL 高密度、非易失存储器制造技术，与工业标准的 MCS－51 指令集和输出引脚兼容。

AT89C51 具有以下一些标准特性：4 KB 的快闪存储器，128 B RAM，2 个 16 位定时器/计数器，5 个两级中断源结构，一个全双工串行口，片内振荡器和时钟电路。其 DIP 封装管脚图如图 5.14 所示。

部分管脚及其功能如表 5.4 所示。

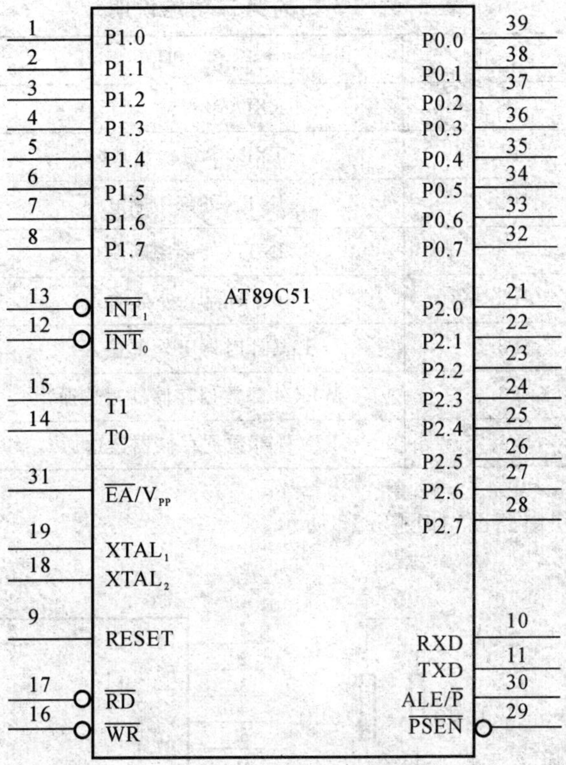

图 5.14　AT89C51 管脚图

表 5.4　部分管脚及功能

管　脚	名　称	功　能
40	V_{CC}	供电电压
32～39	P0 口	8 位双向 I/O 口
1～8	P1 口	8 位双向 I/O 口
21～28	P2 口	8 位双向 I/O 口
10～17	P3 口	8 位双向 I/O 口*
9	RESET	复位输入
30	ALE/P	锁存允许输出/编程脉冲输入
29	PSEN	外部 ROM 的读选通信号
31	EA/V_{PP}	访问内/外 ROM 控制/编程电压输入
19	$XTAL_1$	时钟输入
18	$XTAL_2$	时钟输出

* P3 口的第二功能如表 5.5 所示。

表 5.5　P3 口的第二功能说明

引　脚	说　明
P3.0	RXD(串行输入口)
P3.1	TXD(串行输出口)
P3.2	INT_0(外部中断 0)
P3.3	INT_1(外部中断 1)
P3.4	T0(计时器 0 外部输入)
P3.5	T1 (计时器 1 外部输入)
P3.6	WR(外部数据存储器写选通)
P3.7	RD(外部数据存储器读选通)

(2)单片机控制模块电路图,如图 5.15 所示。

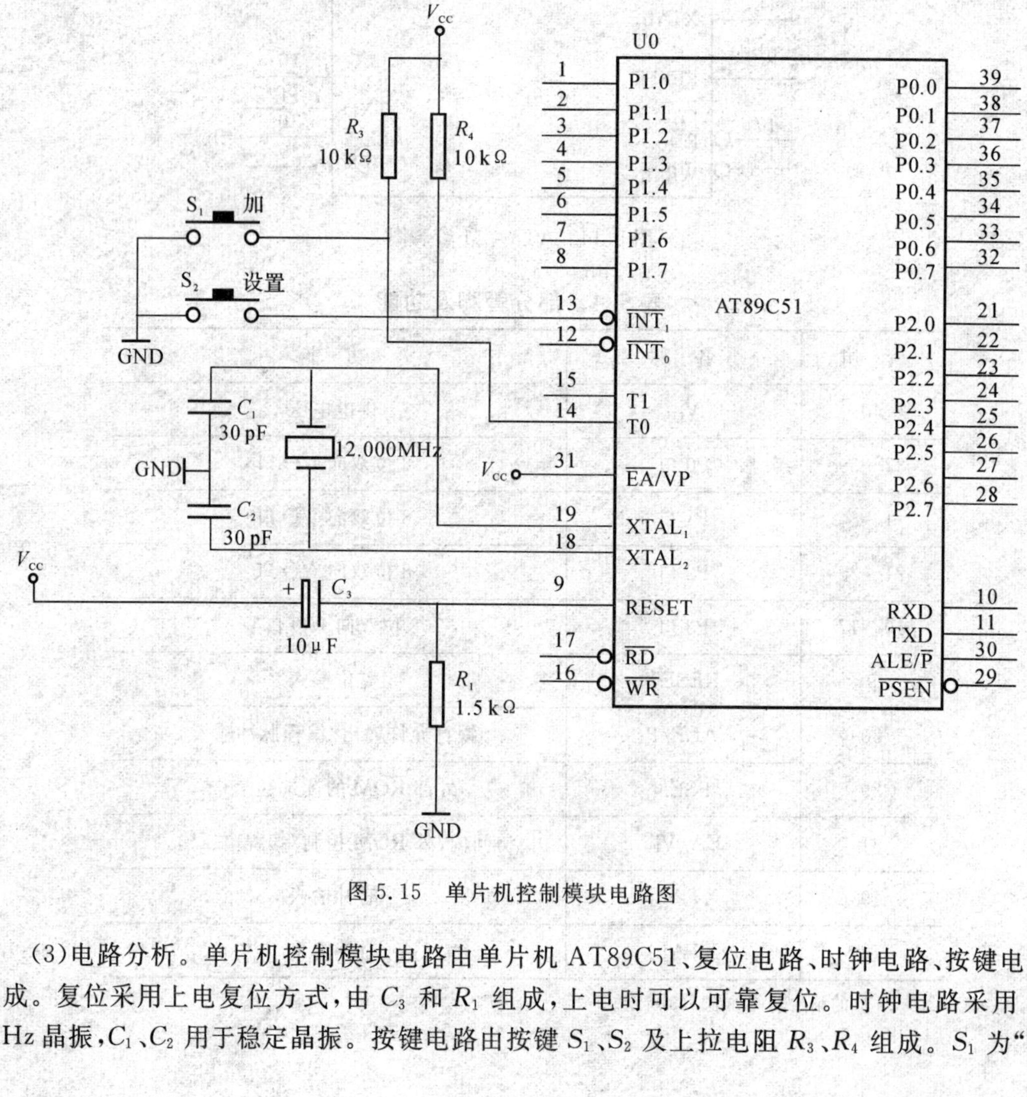

图 5.15　单片机控制模块电路图

(3)电路分析。单片机控制模块电路由单片机 AT89C51、复位电路、时钟电路、按键电路组成。复位采用上电复位方式,由 C_3 和 R_1 组成,上电时可以可靠复位。时钟电路采用 12 MHz 晶振,C_1、C_2 用于稳定晶振。按键电路由按键 S_1、S_2 及上拉电阻 R_3、R_4 组成。S_1 为“设置”键，S_2为“加”键。按下键时给单片机一个低电平，使单片机中断，以响应按键。

(4)调试过程。

1)程序存于片内 ROM，EA 脚接高电平，不要悬空，以免程序运行不稳定。

2)焊接晶振电路时烙铁要断点，以免损坏晶振。

3)按键应接上拉电阻，以免外部干扰使单片机误判按键。

4)复位电容和电阻的选择应合理，才能可靠复位。

2. 日历时钟模块

(1)日历时钟芯片 DS12C887 简介。DS12C887 是美国 DALLAS 公司生产的实时日历时钟芯片，具有秒、分、时、日、周、月、年计数功能，且可闰年调整，内部有 14B 的时钟与控制寄存器，分别用于设置 DS12C887 的工作方式和时间值。

其主要特点如下：

1)在没有外部电源的情况下可工作 10 年。

2)自带晶体振荡器及锂电池。

3)可计算到 2100 年前秒、分、时、日、周、月、年 7 种日历信息并带闰年补偿。

4)用二进制码或 BCD 码代表日历和闹钟信息。

5)有 12 小时和 24 小时两种制式，12 小时制有 AM 和 PM 提示。

6)数据/地址总线复用。

7)内建 128B RAM，14B 时钟控制寄存器，114B 通用 RAM。

8)可编程方波输出、总线兼容中断。

9)三种可编程中断：

——时间性中断，可产生每秒一次至每天一次中断；

——周期性中断 122 ms 到 500 ms；

——时钟更新结束中断。

其管脚图如图 5.16 所示。图中，NC 为悬空。

部分管脚及功能如表 5.6 所示。

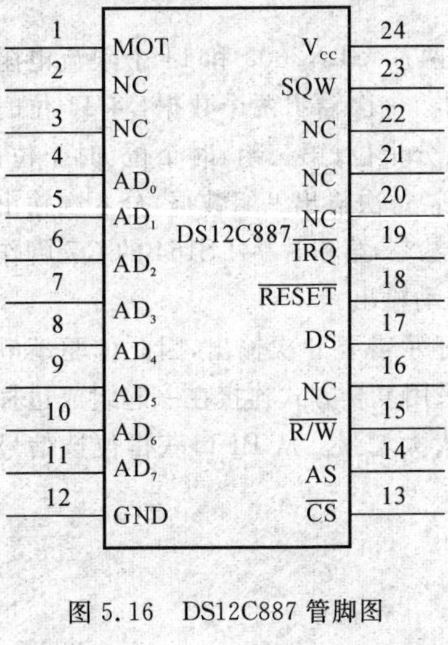

图 5.16　DS12C887 管脚图

表 5.6　部分管脚及功能

引　脚	名　称	功　能
4～11	$AD_0 \sim AD_7$	地址/数据复用总线
1	MOT	总线类型选择(MOTOR/INTEL)
13	CS	片选
14	AS	ALE
15	R/W	在 INTEL 总线下作为/WR
17	DS	在 INTEL 总线下作为/RD
18	RESET	复位信号
19	/IRQ	中断请求输出
23	SQW	方波输出

3. 显示驱动模块

由于本次设计显示部分的特殊性，要求其驱动电路有很强的驱动能力。为此选择具有大电流驱动能力的集成 7 达林顿管的驱动芯片 ULN2003，用来驱动显示屏的段码。位码驱动要求比段码驱动强 6 倍，选用 NPN 三极管 9013 和 PNP 三极管 9012 组成达林顿管，驱动能力增强。

(1)达林顿管。采用复合连接方式，将两只或更多只晶体管的集电极连在一起，而将第一只晶体管的发射极直接耦合到第二只晶体管的基极，依次级连而成，最后引出 E、B、C 三个电极。如图 5.17 所示，$h_{FE} = h_{FE1} \cdot h_{FE2}$。

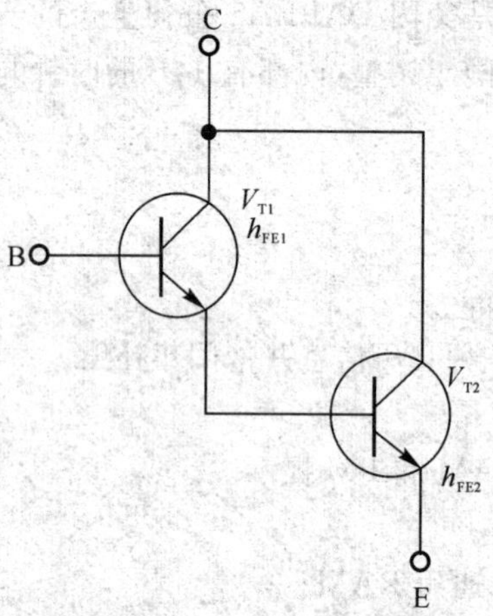

图 5.17　达林顿管电路图

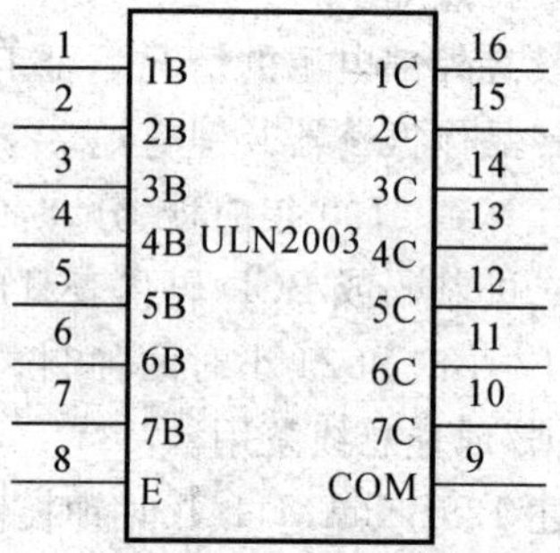

图 5.18　ULN2003 管脚图

(2)ULN2003 简介。ULN2003 是 7 共发射极达林顿驱动器，最大工作电压可达到 50 V，每极最大输出电流可达到 500 mA。其管脚如图 5.18 所示。其中 1B～7B 为输入端；1C～7C 为输出端；E 为接地；COM 为公共端。

段驱动电路如图 5.19 所示。

位驱动电路如图 5.20 所示。

(3)电路分析。

1)段驱动电路分析：电路由两片移位寄存器 74LS164，两片 ULN2003 和 14 个限流电阻构成。74LS164 将从 AT89C51 串行口获得的数据并行输出。一次输出两个数据，将 11 位时间数据分为 6 组。第一组：秒个位、秒十位；第二组：分个位、分十位；第三组：时个位、时十位；第四组：周；第五组：日个位、日十位；第六组：月个位、月十位。每次输出一组数据，分 6 次输出(一个扫描周期)。采用 7 段显示，所以 74LS164 的 Q0 管脚悬空，第一片 74LS164 的 Q7 脚作为第二片的输入。ULN2003 将 74LS164 的输出作为输入驱动输出。

2)位驱动电路分析：由于采用动态扫描显示方式，每次显示需要 6 次输出，因此位驱动电路的驱动能力要比段驱动强 6 倍。为此可用 9013 和 9012 采用复合方式连接在一起组成达林顿管，电流放大倍数为两管电流放大倍数的乘积，驱动能力大大增强。从 P1 口获得位选信号驱动输出，依次对应显示屏的秒、分、时、周、日、月。

(4)调试过程。

1)74LS164 的 CLR 端应接高电平，以免其工作不稳定。

2)74LS164 的移位输出的高位为 Q_0，低位为 Q_7。

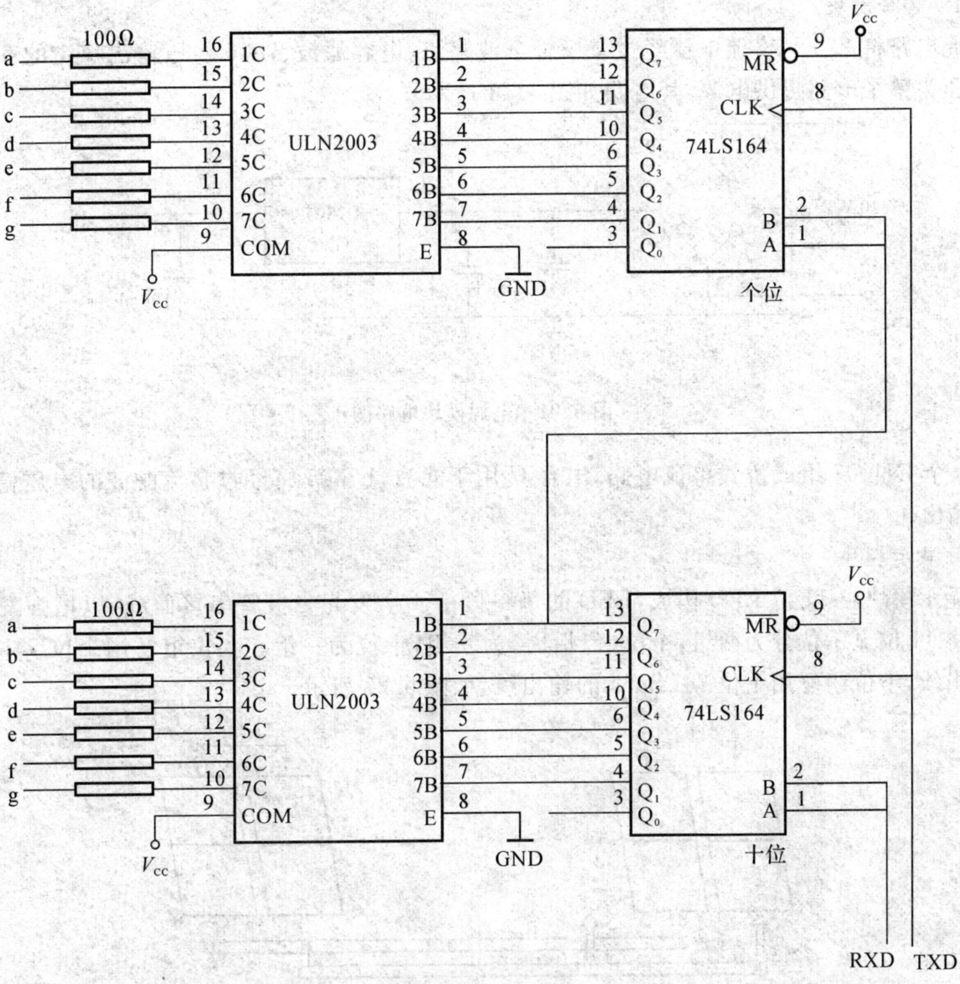

图 5.19　段驱动电路图

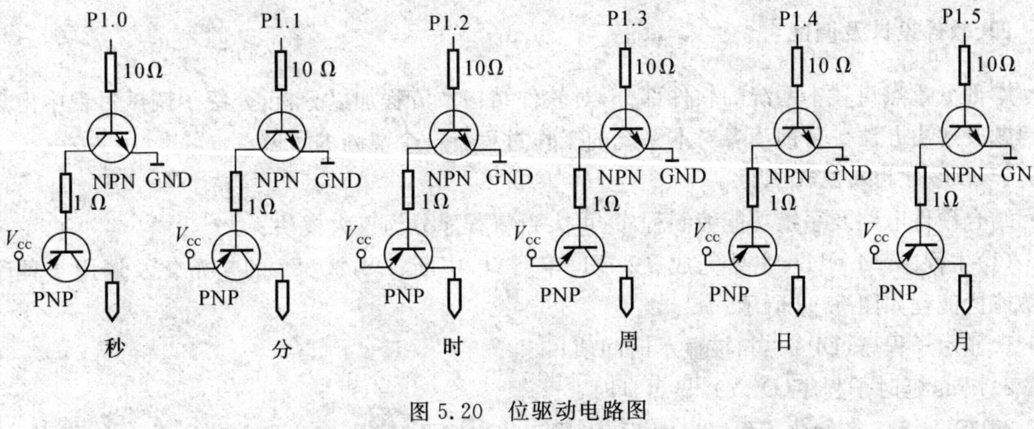

图 5.20　位驱动电路图

3)ULN2003 为漏极开路电路,高电平输出为高阻状态,使用时需接上拉电阻。

4)ULN2003 的输出应接限流电阻,以免电流过大烧坏发光二极管。

4. 电源模块

此电路将 220 V 交流电压经过二极管全波整流、电容滤波、7805 稳压输出稳定的 5 V 直流电压为整个电路提供电源，其电路如图 5.21 所示。

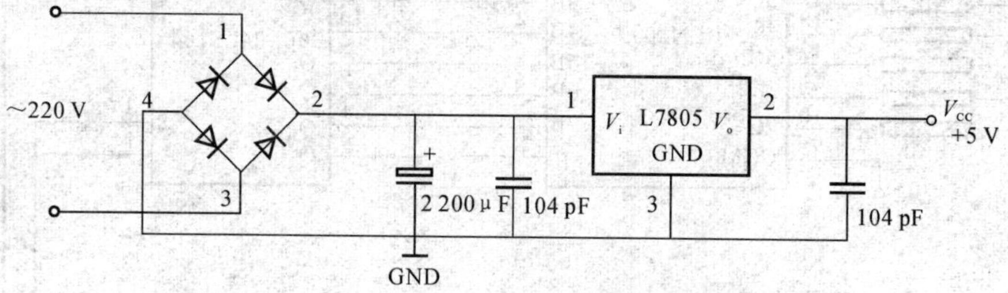

图 5.21　电源模块电路图

4 个 IN4007 组成桥式整流电路，电容 C 用于滤波，L7805 将经过整流滤波的电压稳定在 5 V 输出。

5. 显示模块

显示模块由 11 位 LED 构成，LED 的每一段由 4 个发光二极管串接而成，以增强发光亮度。将 11 位显示位分为两组，个位(包括周)为一组，十位为一组。个位组复用个位 74LS164 的输出线，十位组复用十位 74LS164 的输出线，如图 5.22 所示。

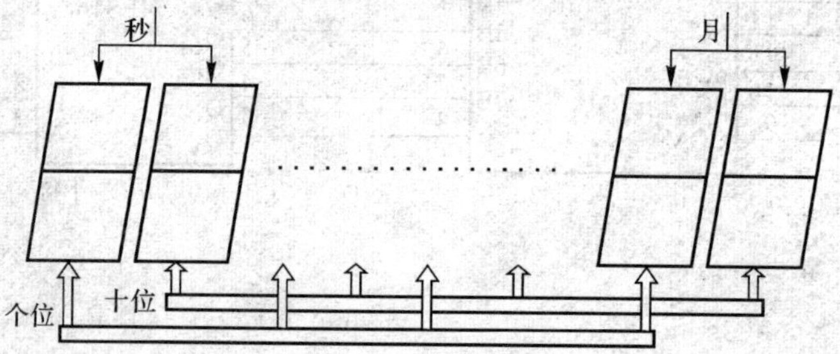

图 5.22　显示模块示意图

四、软件设计及调试

本部分重点讲述本系统的软件部分，对软件结构及流程加以分析，介绍了调试过程中出现的问题及解决办法。帮助读者对本系统的工作过程有一个清晰的了解。

1. 程序结构及流程

结合硬件电路及系统功能编制程序，可大致将程序分为三大模块：

(1)主程序(MAIN)：主要完成 T0/T1、串行口、中断、DS12C887 的初始化及调用子程序的功能。流程如图 5.23 所示。

1)显示子程序(DPY)：扫描显示时间值；

2)1 ms 延时子程序(DLY)：显示延时；

3)DS12C887 初始化子程序(INIT)：设置工作方式及时间。

(2)子程序。

1)字符闪烁子程序(FLASH)：提示待修改的位；

2)10 ms 延时子程序(DL10ms):判键闭合延时;

3)T1 的 5 s 定时开启子程序 (INITT1):有按键后开始 5 s 定时;

4)解译子程序(DCD):对压缩型 BCD 码解压并译为共阴极码。

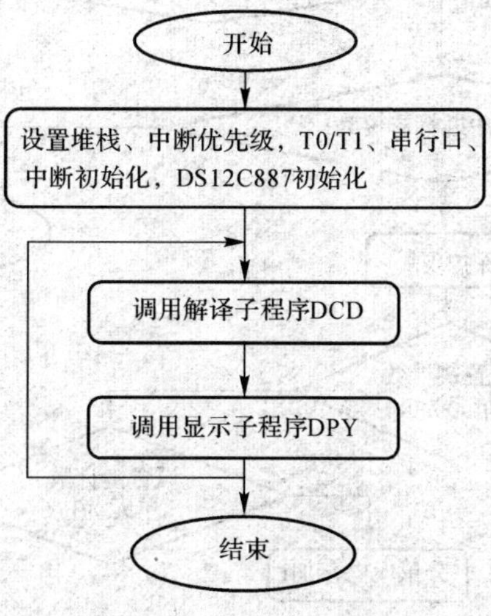

图 5.23　主程序流程图

(3)中断服务程序。

1)DS12C887 更新结束中断(UEI):更新结束中断服务;

2)"设置"键中断(SETUP):"设置"键按下处理,流程如图 5.24 所示;

3)"加"键中断(ADDI):"加"键按下处理,流程如图 5.25 所示。

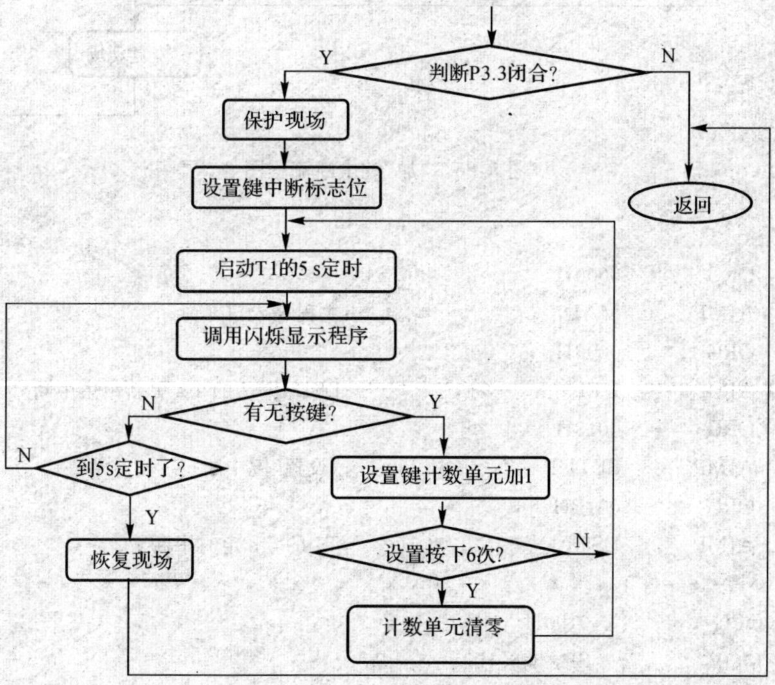

图 5.24　"设置"键中断流程图

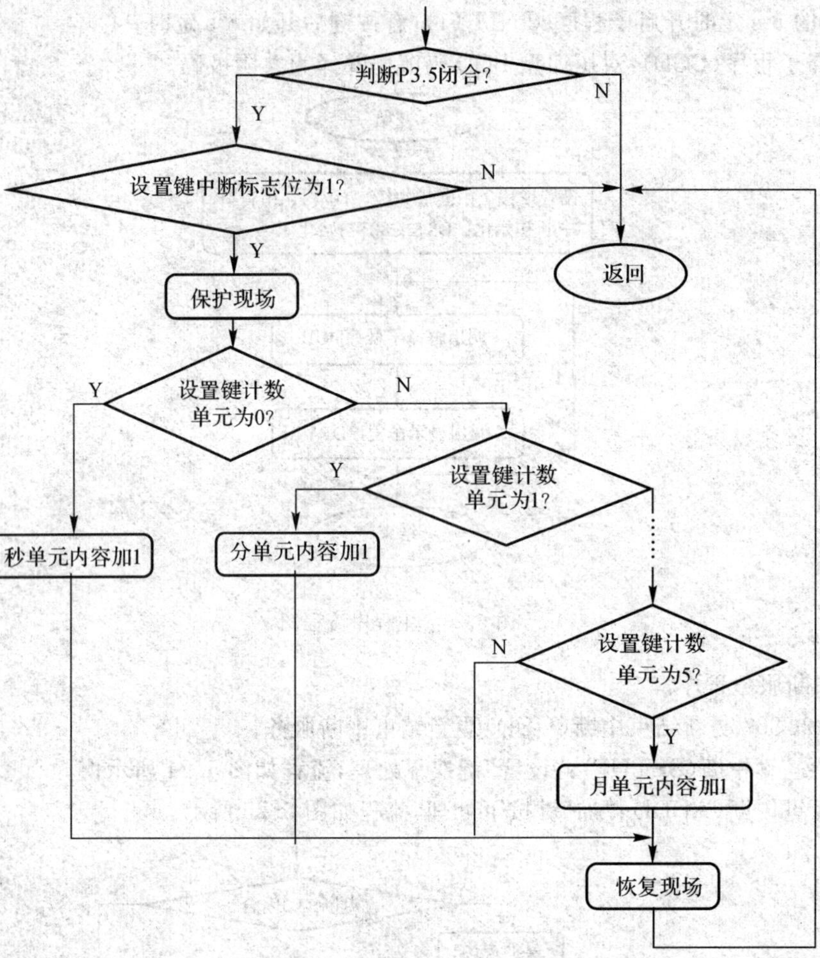

图 5.25 “加”键中断流程图

2.源程序

```
        ORG     0000H
        AJMP    MAIN            ;主程序入口
        ORG     0003H
        AJMP    UEI             ;DS12C887 的 1 s 更新结束中断
        ORG     0013H
        AJMP    SETUP           ;“设置”键中断
        ORG     001BH
        AJMP    DS5S            ;T1 的 5 s 定时中断
;* * * * * * * * * * * * * * * * * * * * * * * * * * * * * * * * * * * * * * * * *
        ORG     0100H
MAIN:   MOV     SP, #60H
        MOV     SCON, #00H
        MOV     IE, #8DH        ;INT0,INT1,T1 中断允许
```

```
        MOV     IP,＃08H            ;T1 中断高优先级
        MOV     55H,＃00H           ;"设置"键记数单元清零
        MOV     TMOD,＃10H          ;T1 方式 1;T2 方式 2
        JB      P2.0,NEXT           ;DS12C887 初始化条件
        LCALL   INITDATA            ;初始时间装入初始化单元
        LCALL   INIT                ;调 DS12C887 初始化子程序
NEXT:   LCALL   DCD                 ;调解译子程序
        LCALL   DPY                 ;调显示子程序
        SJMP    NEXT
;* * * * * * * * * * * * * * * * * * * * * * * * * * * * * * * * * * * * * * * * * * *
;;;DS12C887 初始化子程序
;每天 24 小时制非夏令时,时间数据格式为 BCD 码,初始化时间为 2003 年 6 月 12 日 09 时 00 分 00 秒
;* * * * * * * * * * * * * * * * * * * * * * * * * * * * * * * * * * * * * * * * * * *
INIT:   MOV     DPTR, ＃7F0AH       ;12887 A 寄存器
        MOVX    A,@DPTR
        JB      ACC.7, $
        MOV     A, ＃70H
        MOV     A, @R0
        MOVX    @DPTR, A
        MOV     R0,＃30H            ;初始化数据首址
        MOV     DPL,＃00H           ;秒
        MOV     A,@R0
        MOVX    @DPTR,A
        INC     R0
        MOV     DPL,＃02H           ;分
        MOV     A,@R0
        MOVX    @DPTR,A
        INC     R0
        MOV     DPL,＃04H           ;时
        MOV     A,@R0
        MOVX    @DPTR,A
        MOV     DPL,＃06H           ;周
        INC     R0
        MOV     A,@R0
        MOVX    @DPTR,A
        INC     R0
        MOV     DPL,＃07H           ;日
        MOV     A,@R0
        MOVX    @DPTR,A
        MOV     DPL,＃08H           ;月
        INC     R0
        MOV     A, @R0
        MOVX    @DPTR,A
```

```
        MOV     DPL,#09H            ;年
        INC     R0
        MOV     A, @R0
        MOVX    @DPTR,A
        INC     DPTR                ;A 寄存器
        MOV     A,#26H              ;DV2～DV0＝010,RS3～RS0＝0 110
        MOVX    @DPTR, A            ;选时基＝32.768 kHz
        INC     DPTR                ;B 寄存器
        MOV     A,#12H              ;每秒更新中断一次,BCD 码,24 小时制
        MOVX    @DPTR,A             ;时钟开始运行
        RET
;*****************************************
;;;DPY 显示子程序
;*****************************************
DPY:    MOV     R5,#01H             ;位控码
        MOV     R1,#40H             ;段码首址
        MOV     R4,#02H
LOOPX:  MOV     P1,R5               ;位控输出
        MOV     A,@R1               ;取段码
        MOV     SBUF,A              ;输出段码(2 位)
        JNB     TI, $
        CLR     TI
        INC     R1
        DJNZ    R4,LOOPX
        MOV     R4,#02H
        LCALL   DLY                 ;调延时 1 ms
        MOV     A, R5
        JB      ACC.5, BACKX        ;段控码左移
        RL      A
        MOV     R5,A
        SJMP    LOOPX
BACKX:  RET
;*****************************************
;;;DLY 延时 1ms 子程序
;*****************************************
DLY:    MOV     R7,#02H
DL:     MOV     R6,#0FFH
HERE:   DJNZ    R6,HERE
        DJNZ    R7,DL
        RET
;*****************************************
;;;DCD 解译子程序
;*****************************************
```

```
DCD:     PUSH    DPL
         PUSH    DPH
         MOV     R0,#30H              ;时间数据(压缩型 BCD 码)首址
         MOV     R1,#40H              ;共阴极码首址
         MOV     R4,#06H              ;读时间数据个数
LOOPY:   MOV     A,@R0
         INC     R0
         LCALL   DDD
         DJNZ    R4,LOOPY
BACKY:   POP     DPH
         POP     DPL
         RET
DDD:     MOV     R3,#02H
         MOV     R2,A
         MOV     DPTR,#TAB
LOOPY1:  ANL     A,#0FH               ;对压缩型 BCD 码解压并获得共阴极
                                      LED 码
         MOVC    A,@A+DPTR
         MOV     @R1,A
         INC     R1
         MOV     A,R2
         SWAP    A
         DJNZ    R3,LOOPY1
         RET
TAB:     DB      3FH,06H,5BH,4FH,66H,6DH,7DH,07H,7FH,6FH,00H
;*************************************
;;;DS12C887 中断服务程序
;*************************************
UEI:     PUSH    DPL                  ;读时间数据放入 30H 为首址的单元中
         PUSH    DPH
         PUSH    ACC
         PUSH    00H
         PUSH    01H
         PUSH    02H
         MOV     DPTR,#7F0CH
         MOVX    A,@DPTR
         MOV     R0,#30H
         MOV     DPTR,#7F00H          ;秒
         MOVX    A,@DPTR
         MOV     @R0,A
         INC     R0
         MOV     DPL,#02H             ;分
         MOVX    A,@DPTR
```

```
        MOV     @R0,A
        INC     R0
        MOV     DPL,#04H          ;时
        MOVX    A,@DPTR
        MOV     @R0,A
        INC     R0
        MOV     DPL,#06H          ;周
        MOVX    A,@DPTR
        MOV     @R0,A
        INC     R0
        INC     DPTR              ;日
        MOVX    A,@DPTR
        MOV     @R0,A
        INC     R0
        INC     DPTR              ;月
        MOVX    A,@DPTR
        MOV     @R0,A
        POP     02H
        POP     01H
        POP     00H
        POP     ACC
        POP     DPH
        POP     DPL
        RETI
;* * * * * * * * * * * * * * * * * * * * * * * * * * * * * * * * * * * * * * * * * * *
;;;T1的5 s定时中断
;* * * * * * * * * * * * * * * * * * * * * * * * * * * * * * * * * * * * * * * * * * *
DS5S:   MOV     TH1,#00H          ;中断(58H)次,每次65 ms,共5 s
        MOV     TL1,#00H
        DJNZ    58H,BACK2
        SETB    F0
        CLR     TR1
BACK2:  RETI

;* * * * * * * * * * * * * * * * * * * * * * * * * * * * * * * * * * * * * * * * * * *
;"设置"键中断
;* * * * * * * * * * * * * * * * * * * * * * * * * * * * * * * * * * * * * * * * * * *
SETUP:  PUSH    06H
        PUSH    07H
        PUSH    01H
        PUSH    ACC
        PUSH    02H
        PUSH    0A8H
```

```
         LCALL    DL10ms              ;判键闭合
         JB       P3.3,BACKN
         MOV      IE,#8CH             ;禁止 INT0 中断
         MOV      59H,#20H            ;亮/灭显示次数
         LCALL    INITT1              ;5 s 定时开启
LOOP:    LCALL    FLASH               ;待修改位闪烁
         JB       P3.4,NEXT1          ;判"加"键闭合?
         LCALL    INITT1              ;有键按下,5 s 定时重新开始
         LCALL    ADDS                ;调用"加"子程序
         SJMP     LOOP
NEXT1:   JB       P3.3,J5SF           ;有"设置"键按下吗?
         LCALL    INITT1              ;有,重新开启 5 s 定时
         INC      55H                 ;"设置"键计数单元加 1
         MOV      A,55H
         CJNE     A,#06H,LOOP         ;按键次数处理
         MOV      55H,#00H
         SJMP     LOOP
J5SF:    JB       F0,BACKS            ;5 s 定时到吗?
         SJMP     LOOP
BACKS:   CLR      F0                  ;恢复现场
         MOV      55H,#00H
         POP      0A8H
         POP      02H
         POP      ACC
         POP      01H
         POP      07H
         POP      06H
BACKN:   RETI
;*******************************************
;;;10 ms 延时子程序
;*******************************************
DL10 ms: MOV      R7,#14H
DL1:     MOV      R6,#0FAH
         DJNZ     R6,$
         DJNZ     R7,DL1
         RET
;*******************************************
;;; T1 的 5 s 定时初始化子程序
;*******************************************
INITT1:  MOV      TH1,#00H
         MOV      TL1,#00H
         MOV      58H,#50H
         SETB     TR1
```

```
        RET
;* * * * * * * * * * * * * * * * * * * * * * * * * * * * * * * * * * * * * * * * * * *
;;;闪烁显示子程序
;* * * * * * * * * * * * * * * * * * * * * * * * * * * * * * * * * * * * * * * * * * *
FLASH:  MOV     A,#30H          ;"设置"键按下次数+30H=对应位数据
                                 区地址
        ADD     A,55H
        MOV     R1,A
        MOV     57H,A           ;暂存待修改位地址
        MOV     A,@R1
        MOV     56H,A           ;暂存待修改位当前值
        MOV     @R1,#0AAH       ;送灭码
        LCALL   DCD
LOOP2:  LCALL   DPY             ;待修改位灭 200ms
        DJNZ    59H,LOOP2       ;灭(59H)次
        MOV     59H,#20H
        MOV     R1,57H
        MOV     A,56H
        MOV     @R1,A           ;恢复当前值
        LCALL   DCD             ;待修改位亮 200ms
LOOP3:  LCALL   DPY
        DJNZ    59H,LOOP3       ;亮(59H)次
        MOV     59H,#20H
        RET
;* * * * * * * * * * * * * * * * * * * * * * * * * * * * * * * * * * * * * * * * * * * *
;;"加"键子程序
;* * * * * * * * * * * * * * * * * * * * * * * * * * * * * * * * * * * * * * * * * * * *
ADDS:   LCALL   DL10 ms
        JB      P3.4,GOBACKA    ;无键按下返回
        MOV     R1,57H          ;待"加"位地址送 R1
        MOV     R2,55H          ;"设置"键记数单元送 R2
MIAO:   CJNE    R2,#00H, FEN    ;"设置"键停留在秒位
        MOV     A,@R1           ; 当前时间值与 60 比较,<60 则加 1
                                ;=60 则从 0 重新开始
        INC     A
        CJNE    A,#5AH, NEXTM
        MOV     A,#00H
NEXTM:  LCALL   HEXBCD
        MOV     @R1,A
        LCALL   INIT            ;调初始化子程序
        LCALL   INITT1          ;重新开启 5 s 定时
GOBACKA:
        SJMP    BACKA
```

```
FEN：     CJNE      R2，＃01H,SHI
          MOV       A,@R1
          INC       A
          CJNE      A,＃5AH,NEXTF
          MOV       A,＃00H
NEXTF：   LCALL     HEXBCD
          MOV       @R1,A
          LCALL     INIT
          LCALL     INITT1
          SJMP      BACKA
SHI：     CJNE      R2,＃02H, ZHOU
          MOV       A,@R1
          INC       A
          CJNE      A,＃24H,NEXTS
          MOV       A,＃00H
NEXTS：   LCALL     HEXBCD
          MOV       @R1,A
          LCALL     INIT
          LCALL     INITT1
          SJMP      BACKA
ZHOU：    CJNE      R2,＃03H, RIQI
          MOV       A,@R1
          INC       A
          CJNE      A,＃08H, NEXTZ
          MOV       A,＃01H
NEXTZ：   MOV       @R1,A
          LCALL     INIT
          LCALL     INITT1
          SJMP      BACKA
RIQI：    CJNE      R2,＃04H, YUE
          MOV       A,@R1
          INC       A
          CJNE      A,＃32H, NEXTR
          MOV       A,＃01H
NEXTR：   LCALL     HEXBCD
          MOV       @R1,A
          LCALL     INIT
          LCALL     INITT1
          SJMP      BACKA
YUE：     CJNE      R2,＃05H, BACKA          ;月
          MOV       A,@R1
          INC       A
          CJNE      A,＃43H, NEXTY
```

```
        MOV     A,#31H
NEXTY:  LCALL   HEXBCD
        MOV     @R1,A
        LCALL   INIT
        LCALL   INITT1
BACKA:  RET
HEXBCD: ADD     A,#00H
        DA      A
        RET
INITDATA:
        MOV     30H,#00H
        MOV     31H,#30H
        MOV     32H,#11H
        MOV     33H,#05H
        MOV     34H,#13H
        MOV     35H,#36H
        MOV     36H,#03H
        RET
        END
```

附录一　常用芯片引脚图

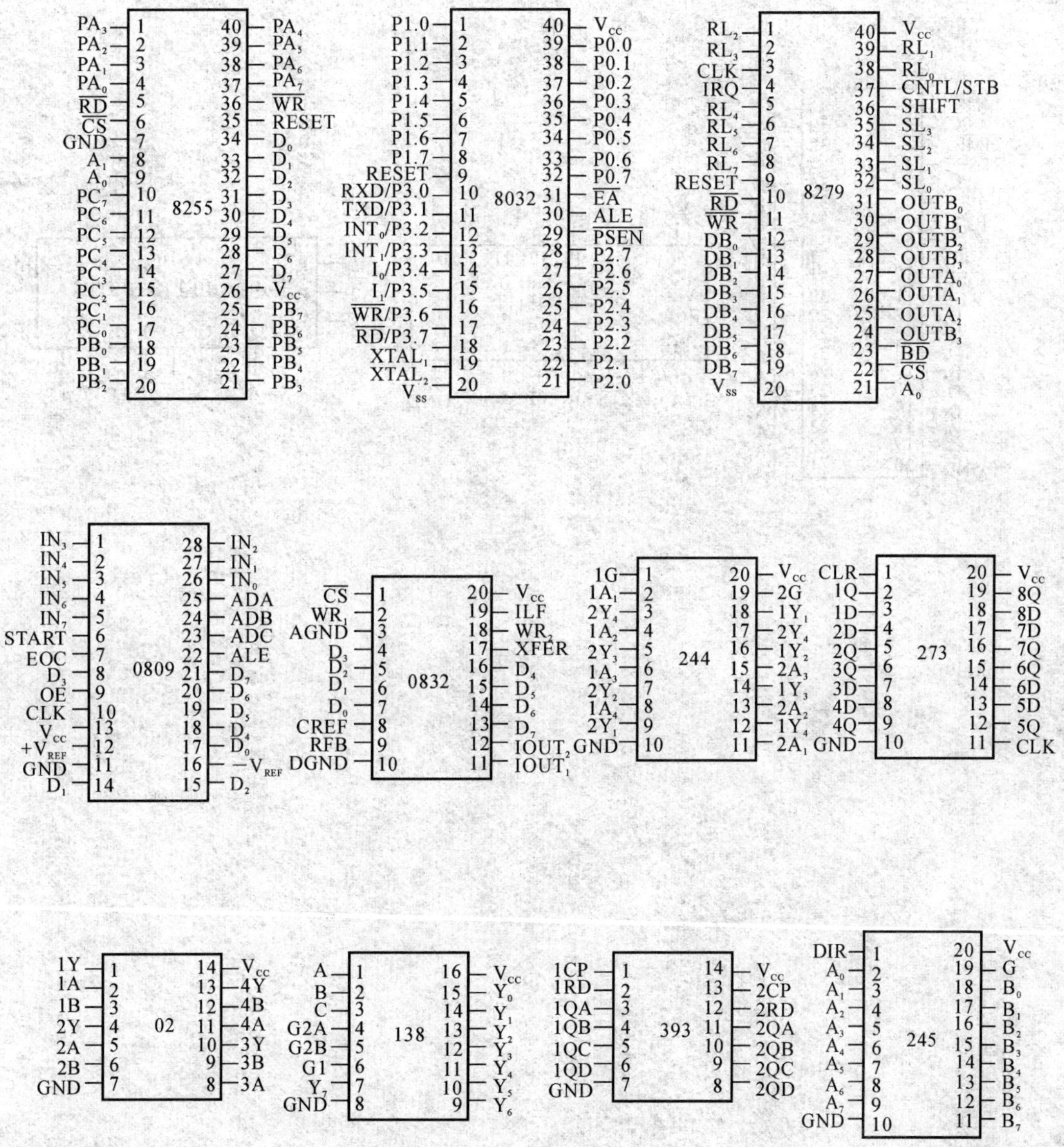
8255
PA3 1, PA2 2, PA1 3, PA0 4, RD 5, CS 6, GND 7, A1 8, A0 9, PC7 10, PC6 11, PC5 12, PC4 13, PC3 14, PC2 15, PC1 16, PC0 17, PB0 18, PB1 19, PB2 20
40 PA4, 39 PA5, 38 PA6, 37 PA7, 36 WR, 35 RESET, 34 D0, 33 D1, 32 D2, 31 D3, 30 D4, 29 D5, 28 D6, 27 D7, 26 VCC, 25 PB7, 24 PB6, 23 PB5, 22 PB4, 21 PB3
8032
P1.0 1, P1.1 2, P1.2 3, P1.3 4, P1.4 5, P1.5 6, P1.6 7, P1.7 8, RESET 9, RXD/P3.0 10, TXD/P3.1 11, INT0/P3.2 12, INT1/P3.3 13, I0/P3.4 14, I1/P3.5 15, WR/P3.6 16, RD/P3.7 17, XTAL1 18, XTAL2 19, VSS 20
40 VCC, 39 P0.0, 38 P0.1, 37 P0.2, 36 P0.3, 35 P0.4, 34 P0.5, 33 P0.6, 32 P0.7, 31 EA, 30 ALE, 29 PSEN, 28 P2.7, 27 P2.6, 26 P2.5, 25 P2.4, 24 P2.3, 23 P2.2, 22 P2.1, 21 P2.0
8279
RL2 1, RL3 2, CLK 3, IRQ 4, RL4 5, RL5 6, RL6 7, RL7 8, RESET 9, RD 10, WR 11, DB0 12, DB1 13, DB2 14, DB3 15, DB4 16, DB5 17, DB6 18, DB7 19, VSS 20
40 VCC, 39 RL1, 38 RL0, 37 CNTL/STB, 36 SHIFT, 35 SL3, 34 SL2, 33 SL1, 32 SL0, 31 OUTB0, 30 OUTB1, 29 OUTB2, 28 OUTB3, 27 OUTA0, 26 OUTA1, 25 OUTA2, 24 OUTB3, 23 BD, 22 CS, 21 A0
0809
IN3 1, IN4 2, IN5 3, IN6 4, IN7 5, START 6, EOC 7, D3 8, OE 9, CLK 10, VCC 13, +VREF 12, GND 11, D1 14
28 IN2, 27 IN1, 26 IN0, 25 ADA, 24 ADB, 23 ADC, 22 ALE, 21 D7, 20 D6, 19 D5, 18 D4, 17 D0, 16 −VREF, 15 D2
0832
CS 1, WR1 2, AGND 3, D3 4, D2 5, D1 6, D0 7, CREF 8, RFB 9, DGND 10
20 VCC, 19 ILF, 18 WR2, 17 XFER, 16 D4, 15 D5, 14 D6, 13 D7, 12 IOUT2, 11 IOUT1
244
1G 1, 1A1 2, 2Y4 3, 1A2 4, 2Y3 5, 1A3 6, 2Y2 7, 1A4 8, 2Y1 9, GND 10
20 VCC, 19 2G, 18 1Y1, 17 2Y4, 16 1Y2, 15 2A3, 14 1Y3, 13 2A2, 12 1Y4, 11 2A1
273
CLR 1, 1Q 2, 1D 3, 2D 4, 2Q 5, 3Q 6, 3D 7, 4D 8, 4Q 9, GND 10
20 VCC, 19 8Q, 18 8D, 17 7D, 16 7Q, 15 6Q, 14 6D, 13 5D, 12 5Q, 11 CLK
02
1Y 1, 1A 2, 1B 3, 2Y 4, 2A 5, 2B 6, GND 7
14 VCC, 13 4Y, 12 4B, 11 4A, 10 3Y, 9 3B, 8 3A
138
A 1, B 2, C 3, G2A 4, G2B 5, G1 6, Y7 7, GND 8
16 VCC, 15 Y0, 14 Y1, 13 Y2, 12 Y3, 11 Y4, 10 Y5, 9 Y6
393
1CP 1, 1RD 2, 1QA 3, 1QB 4, 1QC 5, 1QD 6, GND 7
14 VCC, 13 2CP, 12 2RD, 11 2QA, 10 2QB, 9 2QC, 8 2QD
245
DIR 1, A0 2, A1 3, A2 4, A3 5, A4 6, A5 7, A6 8, A7 9, GND 10
20 VCC, 19 G, 18 B0, 17 B1, 16 B2, 15 B3, 14 B4, 13 B5, 12 B6, 11 B7

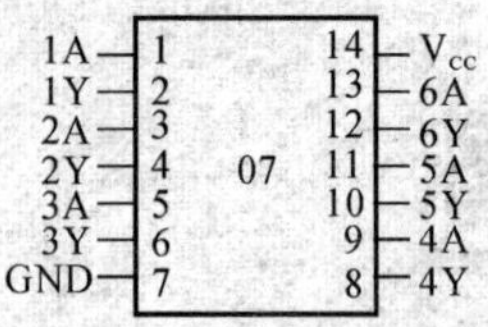
07
1A 1Y 2A 2Y 3A 3Y GND
Vcc 6A 6Y 5A 5Y 4A 4Y

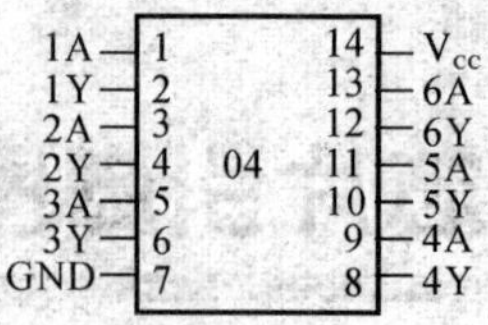
04
1A 1Y 2A 2Y 3A 3Y GND
Vcc 6A 6Y 5A 5Y 4A 4Y

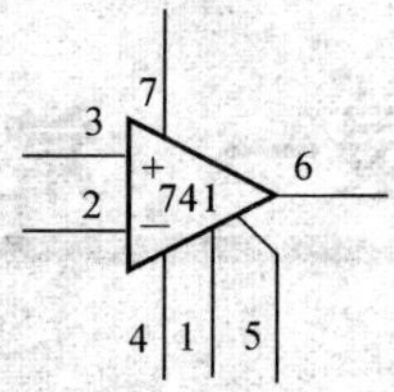
741

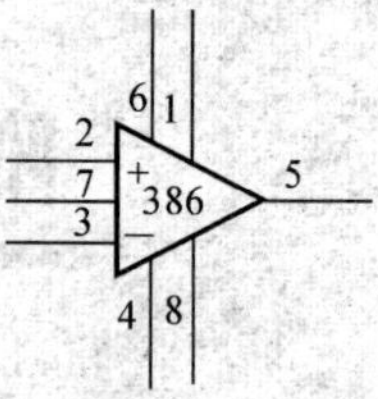
386

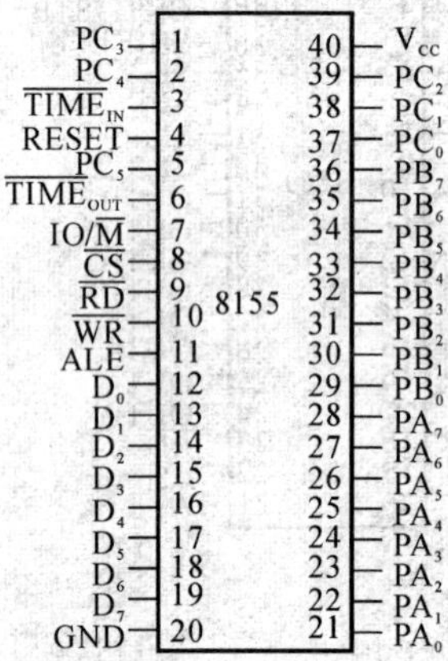
8155
PC3 PC4 TIMEIN RESET PC5 TIMEOUT IO/M CS RD WR ALE D0 D1 D2 D3 D4 D5 D6 D7 GND
Vcc PC2 PC1 PC0 PB7 PB6 PB5 PB4 PB3 PB2 PB1 PB0 PA7 PA6 PA5 PA4 PA3 PA2 PA1 PA0

Vcc f g a b c d e
CD4511
A1 A2 LT BI LE A3 A4 GND

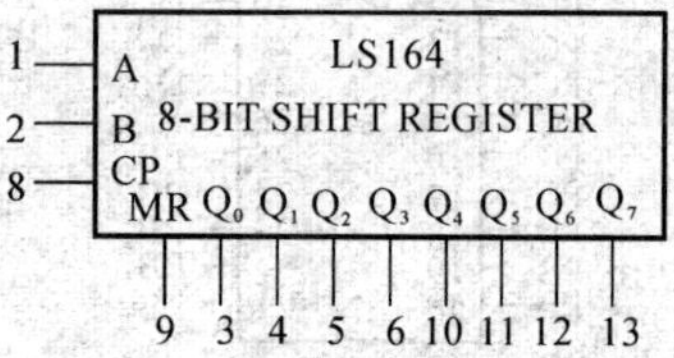
LS164
8-BIT SHIFT REGISTER
A B CP MR Q0 Q1 Q2 Q3 Q4 Q5 Q6 Q7

附录二　MCS－51 单片机指令表

助记符	操作码	说　明	字节	振荡周期
ACALL　addrll	X1 *	绝对子程序调用	2	24
ADD　A,Rn①	28～2F	寄存器和 A 相加	1	12
ADD　A,direct	25	直接字节和 A 相加	2	12
ADD　A,@R	26,27	间接 RAM 和 A 相加	1	12
ADD　A,#data	24	立即数和 A 相加	2	12
ADDC　A,Rn	38～3F	寄存器、进位位和 A 相加	1	12
ADDC　A,dircet	35	直接字节、进位位和 A 相加	2	12
ADDC　A,@R	36,37	间接 RAM 、进位位和 A 相加	1	12
ADDC　A , dircet	34	立即数、进位位和 A 相加	2	12
AJMP　addrll	Y1 * *	绝对转移	2	24
ANL　A,Rn	58～5F	寄存器和 A 相“与”	1	12
ANL　A,direct	55	直接字节和 A 相“与”	2	12
ANL　A,@Ri②	56,57	间接 RAM 和 A 相“与”	1	12
ANL　A,#data	54	立即数和 A 相“与”	2	12
ANL　direct, A	52	A 和直接字节相“与”	2	12
ANL　direct, #data	53	立即数和直接字节相“与”	3	24
ANL　C,bit	82	直接位和进位相“与”	2	24
ANL　C,/bit	B0	直接位的反和进位相“与”	2	24
CJNE　A,dircet,rel	B5	直接字节与 A 比较,不相等则相对转移	3	24
CJNE　A,#data,rel	B4	立即数与 A 比较,不相等则相对转移	3	24
CJNE　Rn,#data,rel	B8～BF	立即数与寄存器相比较,不相等则相对转移	3	24
CJNE　@R,#data,rel	B6,B7	立即数与间接 RAM 相比较,不相等则相对转移	3	24
CLR　A	E4	A 清零	1	12
CLR　bit	C2	直接位清零	2	12
CLR　C	C3	进位清零	1	12

① $n=0,\cdots,7$;

② $i=0,1$。

续表

助记符	操作码	说　明	字节	振荡周期
CPL　A	F4	A 取反	1	12
CPL　bit	B2	直接位取反	2	12
CPL　C	B3	进位取反	1	12
DA　A	D4	A 的十进制加法调整	1	12
DEC　A	14	A 减 1	1	12
DEC　Rn	18～1F	寄存器减 1	1	12
DEC　direct	15	直接字节减 1	2	12
DEC　@Ri	16,17	间接 RAM 减 1	1	12
DIV　AB	84	A 除以 B	1	48
DJNE　Rn,rel	DB～DF	寄存器减 1,不为零则相对转移	3	24
DJNE　direct,rel	D5	直接字节减 1,不为零则相对转移	3	24
INC　A	04	A 加 1	1	12
INC　Rn	08～0F	寄存器加 1	1	12
INC　direct	05	直接字节加 1	2	12
INC　@Ri	06,07	间接 RAM 加 1	1	12
INC　DPTR	A3	数据指针加 1	1	24
JB　bit,rel	20	直接位为 1,则相对转移	3	24
JBC　bit,rel	10	直接位为 1,则相对转移,然后该位清 0	3	24
JC　rel	40	进位为 1,则相对转移	2	24
JMP　@A+DPTR	73	转移到 A + DPTR 所指的地址	1	24
JNB　bit,rel	30	直接位为 0,则相对转移	3	24
JNC　rel	50	进位为 0,则相对转移	2	24
JNZ　rel	70	A 不为零,则相对转移	2	24
JZ　rel	60	A 为零,则相对转移	2	24
LCALL　addr16	12	长子程序调用	3	24
LJMP　addr16	02	长转移		
MOV　A,Rn	E8～EF	寄存器送 A	1	12
MOV　A,direct	E5	直接字节送 A	2	12
MOV　A,@Ri	E6,E7	间接 RAM 送 A	1	12
MOV　A,#data	74	立即数送 A	2	12
MOV　Rn,A	F8～FF	A 送寄存器	1	12
MOV　Rn,direct	A8～AF	直接字节送寄存器	2	24
MOV　Rn,#data	78～7F	立即数送寄存器	2	12

续 表

助记符	操作码	说 明	字节	振荡周期
MOV direct,A	F5	A送直接字节	2	12
MOV direct,Rn	88～8F	寄存器送直接字节	2	24
MOV direct,direct	85	直接字节送直接字节	3	24
MOV direct,@Ri	86,87	间接RAM送直接字节	2	24
MOV direct,#data	75	立即数送直接字节	3	24
MOV @Ri,A	F6,F7	A送间接RAM	1	12
MOV @Ri,direct	A6,A7	直接字节送间接RAM	2	24
MOV @Ri,#data	76,77	立即数送间接RAM	2	12
MOV C,bit	A2	直接位进位	2	12
MOV bit,C	92	进位送直接位	2	24
MOV DPTR,#data16	90	16位常数送数据指针	3	24
MOVC A,@A+DPTR	93	由A+DPTR寻直的程序存储器字节送A	1	24
MOVC A,@A+PC	83	由A+PC寻址的程序存储字节送A	1	24
MOVX A,@Ri	E2,E3	外部数据存储器(8位地址)送A	1	24
MOVX A,@DPTR	E0	外部数据存储器(16位地址)送A	1	24
MOVX @Ri,A	F2,F3	A送外部数据存储器(8位地址)	1	24
MOVX @DPTR,A	F0	A送外部数据存储器(16位地址)	1	24
MUL AB	A4	A乘以B	1	48
NOP	00	空操作	1	12
ORL A,Rn	48～4F	寄存器和A相“或”	1	12
ORL A,direct	45	直接字节和A相“或”	2	12
ORL A,@Ri	46,47	间接RAM和A相“或”	1	12
ORL A,#data	44	立接数和A相“或”	2	12
ORL direct,A	42	A和直接。字节“或”	2	12
ORL dircect,#data	43	立即数和直接字节相“或”	3	24
ORL C,bit	72	直接位和进位相“或”	2	24
ORL C,/bit	A0	直接位的反和进位相“或”	2	24
POP direct	D0	直接字节退栈,SP减1	2	24
PUSH direct	C0	SP加1,直接字节进栈	2	24
RET	22	子程序调用返回	1	24
RETI	32	中断返回	1	24

续表

助记符	操作码	说明	字节	振荡周期
RL A	23	A左环移	1	12
RLC A	33	A带进位左环移	1	12
RR A	03	A右环移	1	12
RRC A	13	A带进位右环移	1	12
SETB bit	D2	直接位置位	2	12
SETB C	D3	进位置位	1	12
SJMP rel	80	短转移	2	24
SUBB A,Rn	98～F	A减去寄存器及进位位	1	12
SUBB A,direct	95	A减去直接字节及进位位	2	12
SUBB A,@Ri	96,97	A减去间接RAM及进位位	1	12
SUBB A,#data	94	A减去立即数及进位位	2	12
SWAP A	C4	A的高半字节和低半字节交换	1	12
XCH A,Rn	C8～CF	A和寄存器交换	1	12
XCH A,direct	C5	A和直接字节交换	2	12
XCH A,@Ri	C6,C7	A和间接RAM交换	1	12
XCHD A,@Ri	D6,D7	A和间接RAM的低四位交换	1	12
XRL A,Rn	68～6F	寄存器和A相“异或”	1	12
XRL A,direct	65	直接字节和A相“异或”	2	12
XRL A,@Ri	66,67	间接RAM和A相“异或”	1	12
XRL A,#data	64	立即数和A相“异或”	2	12
XRL direct,A	62	A和直接字节相“异或”	2	12
XRL direct,#data	63	立即数和直接字节相“异或”	3	24